Das große Buch der Keno-Systeme Bd. 2

SV

Über dieses Buch

Keno, die neue Zahlenlotterie, bietet bessere Gewinnchancen als das bekannte Zahlenlotto 6 aus 49. Kenofreunden fehlt es jedoch an Systemen, die es ermöglichen, einen größeren Zahlenbereich mit Mindestgarantien zu kombinieren. Das große Buch der Keno-Systeme – Bd. 2 schließt diese Lücke. Es enthält 64 optimierte und zum großen Teil mit prozentualen Leistungstabellen ausgestattete Systemkonstruktionen. Abrollschemata erleichtern die Umstellung der Systeme in eigene Wahlzahlen. Einzelspieler wie auch Spielgemeinschaften finden hier das passende System.

Über den Autor

Glücksspielexperte Wolfgang Teschner, bekannt durch Printmedien und TV (Planetopia), analysiert und beschreibt in kritischer Weise Chancen und Risiken von Glücksspielen. Weitere Publikationen: Keno – Die Zahlenlotterie (2005), Oddset – Buchmacherwetten (2001), Der Wettbörsen-Profi (2008).

Das große Buch der Keno-Systeme

Band 2

SV

Bibliographische Information der Deutschen Bibliothek:
Die Deutsche Bibliothek verzeichnet diese Publikation in der
Deutschen Nationalbibliographie; detaillierte bibliographische
Daten sind im Internet über http://dnb.de abrufbar

ISBN 978-3-8370-7230-3

Lieber KENO-Freund!

Kann man Keno wie das Zahlenlotto mit System spielen? Selbstverständlich, man kann, auch wenn dies von den Lottogesellschaften bisher nicht in Kurzschreibweise angeboten wird. Wie beim Zahlenlotto kann man auch bei Keno verschiedene Tippreihen zu einer sinnvollen Konstruktion, den Kenosystemen, verknüpfen. Diese Verknüpfungen sollen dem Spieler einen möglichst hohen Gewinn garantieren, sobald er eine Mindestanzahl von Treffern erzielt hat.

Da es bei Keno 9 verschiedene Spielarten, sogenannte Kenotypen, gibt, ist eine große Vielfalt von Kenosystemen möglich. Die Anzahl möglicher Konstruktionen ist daher beinahe unübersehbar und viel größer als beim traditionellen Zahlenlotto. Während dort nur 6 Zahlen miteinander kombiniert werden können, hat man bei Keno die Möglichkeit, wahlweise 2 bis 10 Zahlen zu tippen. Außerdem können Wunschzahlen aus einem riesen Pool von 70 Zahlen ausgewählt werden. Die Kombinationsmöglichkeiten sind damit beinahe grenzlos. Unter praktischen Gesichtspunkten gibt es freilich starke, durchaus vernünftige Limitierungen.

Allein der hohe Einsatz, der für eine einzige Tippreihen zu entrichten ist – derzeit 1 Euro pro Tippreihe – verbietet das Spiel allzu umfangreicher Systeme. Möchte man ein System, wie es bei Keno ja möglich ist, an jedem Wochentag des Monats einsetzen, wäre der jeweilige Tageseinsatz noch mit etwa 25 zu multiplizieren. Wer beispielsweise mit Kenotyp 10 das Vollsystem für 14 Zahlen spielen möchte, müßte an jedem Tag nicht weniger als 1001 Tipps einsetzen bzw. einen entsprechenden Einsatz von über 1000 Euro leisten (siehe die Tabelle auf der nächsten Seite), was keinesfalls empfehlenswert ist, da man auch mit hohem Einsatz das Glück nicht erzwingen kann.

Wie man sieht, können Vollsysteme bei Keno sehr schnell ins Geld gehen. Damit Systemfreunde dennoch eine größere Anzahl von Zahlen kombinieren können, wurde in diesem Buch eine Vielzahl reihensparender VEW-Systeme (VEW = Verkürzte Engere Wahl) zusammengestellt, die mit einem Bruchteil der Reihen des jeweiligen Vollsystems auskommen und auch für den kleineren Geldbeutel erschwinglich sind.

Dieses Buch ist daher eine Fundgrube für alle, die Keno reihensparend „mit System" spielen möchten. 64 der besten Konstruktion stehen zur Auswahl, 47 davon mit ausführlicher Garantieberechnung. Im Mittelpunkt dieser Edition stehen genannte VEW-Systeme, daneben die günstigsten der Vollsysteme. Sie sollen den Geldbeutel des Spielers schonen und dennoch die Kombination vieler Zahlen ermöglichen. Alle Systeme wurden so kombiniert, dass ein Maximum an Trefferleistung dabei herauskommt. Je nach Reihenaufwand werden kleinere oder größere Mindestgewinne garantiert.

Natürlich sollte jeder Systemfreund auch wissen, wie hoch der Einsatz für beliebige Vollsysteme ist. Die folgende Tabelle zeigt Ihnen den Einsatz für alle Kenotypen bis zu einem Wahlzahlenbereich von 20 an. Unschwer zu erkennen: Je größer der Kenotyp, desto stärker explodiert der System-Einsatz. Bei Kenotyp 10 müssen Sie für 16 Zahlen bereits 8.008 Tippreihen einsetzen – zuviel selbst für finanzkräftige Spielgemeinschaften. Mit einem VEW-System dagegen können diese 16 Zahlen schon mit einem Einsatz ab 16 Tippreihen gespielt werden. Die Chancen auf einen Hauptgewinn sind damit entsprechend kleiner, doch zumindest untere Gewinnränge können fast ebenso leicht erreicht werden.

Liste der Vollsysteme bei Keno
Anzahl benötigter Tippreihen bei verschiedenen Kenotypen

Wahl-Zahlen	Kenotypen								
	2	3	4	5	6	7	8	9	10
3	3	1	-	-	-	-	-	-	-
4	6	4	1	-	-	-	-	-	-
5	10	10	5	1	-	-	-	-	-
6	15	20	15	6	1	-	-	-	-
7	21	35	35	21	7	1	-	-	-
8	28	56	70	56	28	8	1	-	-
9	36	84	126	126	84	36	9	1	-
10	45	120	210	252	210	120	45	10	1
11	55	165	330	462	330	165	55	55	11
12	66	220	495	792	924	792	495	220	66
13	78	286	715	1.287	1.716	1.716	1.287	715	286
14	91	364	1.001	2.002	3.003	3.432	3.003	2.002	1.001
15	105	455	1.365	3.003	5.005	6.435	6.435	5.005	3.003
16	120	560	1.820	4.368	8.008	11.440	12.870	11.440	8.008
17	136	680	2.380	6.188	12.376	19.448	24.310	24.310	19.448
18	153	816	3.060	8.568	18.564	31.824	43.758	48.620	43.758
19	171	969	3.876	11.628	27.132	50.388	75.582	92.378	92.378
20	190	1.140	4.845	15.504	38.760	77.520	125.970	167.960	184.756

Ein weiteres Beispiel. Angenommen, Sie möchten ein 12-Zahlen-System mit Keno-typ 9 spielen. Da Ihnen das Vollsystem mit 220 Tippreihen viel zu teuer ist, suchen Sie nach einem günstigen VEW-System. Sie finden es in System Nr. 51 (siehe Band 1) mit nur 4 Tippreihen. Obgleich die Chancen auf einen Haupttreffer damit um ein Vielfaches kleiner als mit dem Vollsystem sind, haben Sie bei 10 richtigen Gewinnzahlen dennoch eine Garantie auf mindestens 2 Achter (2.000 Euro) oder bei 11 Treffern sogar auf 9 Richtige, also auf einen Hauptgewinn von 50.000 Euro.

Garantietabelle System Nr. 95
12 Zahlen in 4 Neunerreihen

Treffer	9	8	7	6	5	Fälle	Prozent
12	4	-	-	-	-	1	100.00
11	1	3	-	-	-	12	100.00
10	1	-	3	-	-	12	18.18
	-	2	2	-	-	54	81.82
9	1	-	-	3	-	4	1.82
	-	1	1	2	-	108	49.09
	-	-	3	1	-	108	49.09
8	-	1	-	1	2	36	7.27
	-	-	2	-	2	54	10.91
	-	-	1	2	1	324	65.45
	-	-	-	4	-	81	16.36
7	-	-	1	0-1	0-2	144	18.18
	-	-	-	2	1	324	40.91
	-	-	-	1	3	324	40.91
6	-	-	-	2	-	6	0.65
	-	-	-	1	0-1	324	35.06
	-	-	-	-	3	108	11.69
	-	-	-	-	2	486	52.60
5	-	-	-	-	2	36	4.55
	-	-	-	-	1	432	54.55
	-	-	-	-	-	324	40.91

Selbst wenn nicht alle Systemzahlen richtig sind, kann mit diesem VEW-System für 12 Zahlen (Kenotyp 9) der Hauptgewinn erreicht werden. Bei 11 richtigen Gewinnzahlen ist er auf jeden Fall 100%ig sicher.

Für den allerdings sehr unwahrscheinlichen Fall von 12 Treffern haben Sie sogar eine Garantie auf 4 Hauptgewinne, also auf einen Gewinn von 200.000 Euro. Hierzu genügt, daß Sie jede Tippreihe mit 1 Euro Einsatz spielen (siehe nebenstehende Garantietabelle)!

Taktik beim Systemspiel

Mit der Beschreibung dieses Sachverhalts haben wir zugleich eine grundlegende Eigenschaft des Systemspiels erkannt: Mit geeigneten Systemen kann es zu Gewinnhäufungen auch in der höchsten Gewinnklasse kommen! Diese können sich umso leichter ergeben, wenn das System möglichst dicht kombiniert ist bzw. wenn die Tippreihen des Systems einander sehr ähnlich sind. Bei sehr unähnlichen Reihen sind Gewinnhäufungen dagegen wenig wahrscheinlich. Dafür haben unähnliche Tippreihen wiederum den Vorteil, ein Maximum an Trefferwahrscheinlichkeit für einen *einzelnen* Hauptgewinn herauszuholen, diesen Gewinn also *überhaupt* zu treffen. Somit haben beide Systemtypen Vor- und Nachteile. Damit Sie diesen Sachverhalt besser verstehen, noch ein kleines Beispiel.

Angenommen, Sie spielen zwei verschiedene 8er-Tippreihen für Kenotyp 8:

Variante A: 1-2-3-4-5-6-7-8 und 9-10-11-12-13-14-15-16.

Die Wahrscheinlichkeit, mit Variante A einen Doppeltreffer zu holen, also 2 mal 8 Richtige und einen Gewinn von 20.000 Euro zu erzielen, ist vielmals (!) geringer als für die folgenden beiden, sehr ähnlichen 8er-Reihen der Variante B:

Variante B: 1-2-3-4-5-6-7-8 und 1-2-3-4-5-6-7-9.

Das mag manchem Kenofreund zwar nicht sofort einleuchten, aber der beschriebene, große Unterschied in der Trefferwahrscheinlichkeit beider

Systemvarianten ist tatsächlich vorhanden. Mit ähnlichen Tippreihen können Sie bei Keno also eher Doppeltreffer erzielen als mit unähnlichen Reihen! Andererseits ist für Sie die Chance, mit unähnlichen Reihen überhaupt 8 Richtige zu treffen höher als für ähnliche Tippreihen. Nicht verschwiegend werden sollte in diesem Zusammenhang, daß Sie bei Keno auch ganz ohne System zu optimalen Trefferchancen kommen können[1]. Die Aufgabe des vorliegenden Buches ist es aber, die die Treffereigenschaften verschiedener Kenosysteme anhand detaillierter Garantietabellen zu beschreiben.

Das 500.000-Euro-System

Wie immens sich taktisch kluges Verhalten auf den Spielerfolg auswirken kann, mag das nächste Beispiel zeigen. Zu diesem Zweck vergleichen wir wieder zwei Spielvarianten.

Variante A:
Mit einem Einsatz von 10 Euro auf eine Tippreihe bei Kenotyp 10 können wir stolze 1.000.000 Euro gewinnen, falls alle Zahlen richtig sind. Die Chance, daß uns dies gelingt, liegt bei 1 : 2.147.181, also bei etwa 1 zu 2 Millionen.

Variante B:
Wir können mit 10 Euro aber auch 10 Wahlzahlen mit dem Vollsystem 9 aus 10 bei Kenotyp 9 spielen (vergl. System Nr. 49, Bd. 1), wenn wir für jede Tippreihe 1 Euro einsetzen. Die Chance, daß hier alle 10 Zahlen richtig sind, liegt natürlich ebenfalls bei rund 1 zu 2 Millionen. Zur besseren Veranschaulichung seien hier beide Spielvarianten in Zahlen wiedergegeben.

10 Zahlen der Variante A mit Kenotyp 10: 2-5-8-20-25-30-32-36-40-48

10 Zahlen der Variante B mit Kenotyp 9:

2,5,8,20,25,30,32,36,40
2,5,8,20,25,30,32,36,48
2,5,8,20,25,30,32,40,48
2,5,8,20,25,30,36,40,48
2,5,8,20,25,32,36,40,48
2,5,8,20,30,32,36,40,48
2,5,8,25,30,32,36,40,48
2,5,20,25,30,32,36,40,48
2,8,20,25,30,32,36,40,48
5,8,20,25,30,32,36,40,48

---

[1] Für ein tieferes Verständnis sei hierzu das Buch „Keno – Die Zahlenlotterie" empfohlen.

Damit wir die Chancen beider Varianten besser vergleichen können, sei hier noch die Garantietabelle der Variante B wiedergegeben:

Treffer	9er	8er	7er	6er	5er	0er	Fälle	% Chance bei ...Treffer	% Chance auf Treffer	Gewinn in Euro
10	10	-	-	-	-	-	1	100.00	0,0000465	500.000
9	1	9	-	-	-	-	10	100.00	0,0021169	59.000
8	-	2	8	-	-	-	45	100.00	0,0388987	2.160
7	-	-	3	7	-	-	120	100.00	0,3830034	95
6	-	-	-	4	6	-	210	100.00	2,2501452	32
5	-	-	-	-	5	-	252	100.00	8,2805345	10
4	-	-	-	-	-	-	210	100.00	19,4075027	0
3	-	-	-	-	-	-	120	100.00	28,7035334	0
2	-	-	-	-	-	-	45	100.00	25,7135820	0
1	-	-	-	-	-	1	10	100.00	12,6312333	2
0	-	-	-	-	-	10	1	100.00	2,5894028	20

Aus dieser Tabelle ist klar ersichtlich, daß wir mit Variante B mit 10 richtigen Gewinnzahlen „nur" 500.000 Euro gewinnen können, mit Variante A hingegen das Doppelte, nämlich 1 Million. Ist Variante A deshalb eindeutig besser?

Auf keinen Fall. Halten wir uns vor Augen, daß es bei 10 Wahlzahlen 45,5 mal wahrscheinlicher ist, nur 9 Wahlzahlen zu treffen als alle 10, liegt der Vorteil klar bei Variante B[1]. Dann gewinnen wir nämlich mit Variante B immer noch 59.000 Euro, mit Variante A dagegen nur noch 10.000 Euro.

Oder anders ausgedrückt: Mit Variante A gewinnt von 45 Spielern nur ein einziger eine Million, die 44 anderen Spieler müssen sich mit 10.000 Euro begnügen. Hätten aber alle 45 Spieler Variante B gespielt, würde ein einziger von ihnen 500.000 Euro und die 44 anderen immerhin 59.000 Euro gewinnen.

Das heißt: Mit Variante B verzichten wir auf den Maximalgewinn von 1 Million, begnügen uns vielmehr mit 500.000 Euro, gewinnen dafür aber im Gegenzug beim viel wahrscheinlicheren Fall von 9 Richtigen rund 6 mal mehr als mit Variante A. Wenn das kein Argument für Variante B ist!

Wie man sieht, kann man auch mit Kenosystemen durchaus taktisch klug und vorteilhaft umgehen. Es kann sich im Falle des Falles auszahlen, verschiedenartige Spielweisen miteinander zu vergleichen und dann die richtigen Entscheidungen zu treffen. Der interessierte Leser findet dafür in Band 1 und Band 2 eine Fülle von Anregungen.

---

[1] Siehe Quoten- und Chancenplan S. 10

Garantieleistungen

Aufgrund komplizierter mathematischer Verhältnisse lassen sich die Garantieleistungen der meisten Kenosysteme nur mit umfangreichen Tabellen beschreiben. Bitte haben Sie Verständnis, wenn diese Tabellen im Buch einen größeren Raum einnehmen. Es ist sicher auch in Ihrem eigenen Interesse, über die Leistung der Systeme genauer Bescheid zu wissen. Sehr wenig Platz benötigen Garantietabellen nur für Vollsysteme, da bei allen Gewinnpositionen immer nur 1 Gewinnfall möglich ist.

Weil es auch Kenofreunde gibt, die gerne „Riesensysteme" spielen möchten, wurden im letzten Teil des Buches einige Konstruktionen mit besonders großem Wahlbereich, aber ohne Garantietabelle, aufgenommen. Exakte Garantieberechnungen würden für diese Systeme selbst mit den schnellsten der heute verfügbaren Computern einige Monate (!) in Anspruch nehmen. Aus guten Gründen wurde deshalb darauf verzichtet. Bei vielen der in Band 1 und Band 2 vorgestellten Systeme wurde nicht nur die übliche prozentuale Garantieleistung errechnet, sondern auch noch gleich der zu erwartende Gewinn.

Damit Sie die alle Systemzahlen schnell und einfach in Ihre Wahlzahlen umwandeln können, wurde keine Mühe gescheut, die meisten Systeme in Form eines Abwicklungsschemas darzustellen. Die Kreuze sind hier neutrale Stellvertreter für Ihre persönlichen Wahlzahlen. Wenn Sie auf einem Papierstreifen von oben nach unten Ihre Wahlzahlen notieren und damit von links nach rechts über das Abwicklungsschema fahren, werden Ihre Tippreihen durch die Kreuze angezeigt. Die Umstellung eines Systems in Ihre Wunschzahlen dürfte damit schnell zu bewerkstelligen sein.

Haben Sie Ihr System einmal auf Tippscheinen fixiert, können Sie es immer wieder in der Annahmestelle abgeben. Das erspart Ihnen viel Schreibarbeit. Bitte denken Sie nochmals daran, daß jedes der hier vorgestellten Systeme in Einzeltippreihen ausgeschrieben werden muß, da eine Kurzschreibweise bisher von den Lottogesellschaften nicht angeboten wird.

Und denken Sie daran, daß das Keno-Glück auch mit dem größten Einsatz nicht erzwungen werden kann. Spielen Sie deshalb nur mit einem Einsatz, dessen Verlust sie leicht verschmerzen können. Nur dann bleibt Ihnen der Spaß am Spiel erhalten.

Gilching, 2007

DER KENO-GEWINNPLAN

Kenotyp	Gewinn-Klasse	Richtige Zahlen	Gewinn bei 1 € Einsatz	Gewinn bei 2 € Einsatz	Gewinn bei 5 € Einsatz	Gewinn bei 10 € Einsatz
10	10	10*	100.000	200.000	500.000	1.000.000
	9	9	1.000	2.000	5.000	10.000
	8	8	100	200	500	1.000
	7	7	15	30	75	150
	6	6	5	10	25	50
	5	5	2	4	10	20
	0	0	2	4	10	20
9	9	9*	50.000	100.000	250.000	500.000
	8	8	1.000	2.000	5.000	10.000
	7	7	20	40	100	200
	6	6	5	10	25	50
	5	5	2	4	10	20
	0	0	2	4	10	20
8	8	8	10.000	20.000	50.000	100.000
	7	7	100	200	500	1.000
	6	6	15	30	75	150
	5	5	2	4	10	20
	4	4	1	2	5	10
	0	0	1	2	5	10
7	7	7	1.000	2.000	5.000	10.000
	6	6	100	200	500	1.000
	5	5	12	24	60	120
	4	4	4	2	5	10
6	6	6	500	1.000	2.500	5.000
	5	5	15	30	75	150
	4	4	2	4	10	20
	3	3	1	2	5	10
5	5	5	100	200	500	1.000
	4	4	7	14	35	70
	3	3	2	4	10	20
4	4	4	22	44	110	220
	3	3	2	4	10	20
	2	2	1	2	5	10
3	3	3	16	32	80	160
	2	2	1	2	5	10
2	2	2	6	12	30	60

Was gibt es bei den verschiedenen Kenotypen zu gewinnen? Der amtliche Keno-Gewinnplan gibt Ihnen darüber Auskunft.

KENO Quoten- und Chancen-Plan

Kenotyp	Gewinn-Klasse	Richtige Zahlen	Keno-Quote	Faire Quote	Trefferchance
10	10	10	100.000	306.740,1	1: 2.147.181
	9	9	1.000	6.748,28	1: 47.238
	8	8	100	367,25	1: 2.571
	7	7	15	37,30	1: 261,09
	6	6	5	6,35	1: 44,44
	5	5	2	1,73	1: 12,07
	0	0	2	5,52	1: 38,61
9	9	9	50.000	64.532,75	1: 387.197
	8	8	1.000	1.720,87	1: 10.326
	7	7	20	114,14	1: 684,83
	6	6	5	14,27	1: 85,60
	5	5	2	3,04	1: 18,21
	0	0	2	4,33	1: 25,95
8	8	8	10.000	12.490,21	1: 74.942
	7	7	100	405,93	1: 2.436
	6	6	15	33,14	1: 198,82
	5	5	2	5,18	1: 31,06
	4	4	1	1,41	1: 8,46
	0	0	1	2,93	1: 17,58
7	7	7	1.000	3.866,02	1: 15.465
	6	6	100	154,64	1: 618,56
	5	5	12	15,78	1: 63,11
	4	4	4	3,16	1: 12,62
6	6	6	500	845,69	1: 3.383
	5	5	15	42,28	1: 169,13
	4	4	2	5,52	1: 22,09
	3	3	1	1,47	1: 5,86
5	5	5	100	260,21	1: 780,63
	4	4	7	16,65	1: 49,96
	3	3	2	2,89	1: 8,66
4	4	4	22	63,08	1: 189,24
	3	3	2	5,36	1: 16,08
	2	2	1	1,31	1: 3,93
3	3	3	16	24,01	1: 48,01
	2	2	1	2,88	1: 5,76
2	2	2	6	12,71	1: 12,71

Diese Tabelle ist eine wichtige Ergänzung des amtlichen Gewinnplans. Sie gibt Ihnen darüber Auskunft, wie hoch Ihre mathematischen Gewinnchancen bei unterschiedlichen Kenotypen sind. Nebenbei erhalten Sie einen Vergleich der mathematisch fairen Quote mit der tatsächlichen Keno-Quote. Klar erkennbar: 10 Richtige bei Kenotyp 10 werden stark unterzahlt (statt bei 100.000 müsste die Quote bei 306.740 liegen), während die Quoten für 8 und 9 Richtige bei den Kenotypen 8 und 9 annähernd mathematisch fair sind.

Systemverzeichnis

System Nr.	Wahlbereich	Anzahl der Tipps	Kenotyp	Garantie-berechnung	Seite
1	21	28	3	✓	16
2	12	39	4	✓	20
3	14	14	4	✓	21
4	14	21	4	✓	22
5	16	20	4	✓	23
6	16	140	4	✓	25
7	12	36	5	✓	29
8	14	28	5	✓	30
9	15	6	5	✓	32
10	15	42	5	✓	33
11	16	48	5	✓	35
12	17	68	5	✓	37
13	21	21	5	✓	39
14	25	30	5	✓	41
15	10	15	6	✓	44
16	10	30	6	✓	45
17	10	50	6	✓	46
18	11	11	6	✓	47
19	11	22	6	✓	48
20	11	33	6	✓	50
21	11	55	6	✓	51
22	11	66	6	✓	52
23	12	10	6	✓	54
24	12	18	6	✓	55
25	12	42	6	✓	56
26	12	132	6	✓	57
27	16	16	6	✓	59
28	16	112	6	✓	61
29	18	42	6	✓	63
30	20	40	6	✓	65
31	21	7	6	✓	67
32	22	77	6	✓	69
33	26	130	6	✓	71
34	14	16	7	✓	75
35	14	30	7	✓	76
36	15	15	7	✓	77
37	18	13	7	✓	78
38	18	32	7	✓	80
39	20	80	7	✓	81
40	21	120	7	✓	83

System Nr.	Wahlbereich	Anzahl der Tipps	Kenotyp	Garantie-berechnung	Seite
41	23	253	7	✓	85
42	18	18	8	✓	89
43	18	126	8	✓	90
44	20	195	8	✓	92
45	24	56	9	✓	96
46	16	48	10	✓	99
47	21	21	10	✓	101
48	24	132	10	-	104
49	30	30	8	-	106
50	32	140	8	-	106
51	36	81	8	-	108
52	40	140	8	-	109
53	48	144	8	-	111
54	30	40	9	-	113
55	32	64	9	-	113
56	36	48	9	-	115
57	40	160	9	-	116
58	42	84	9	-	118
59	48	80	9	-	120
60	28	56	10	-	121
61	28	112	10	-	122
62	40	16	10	-	124
63	40	240	10	-	124
64	48	24	10	-	128

System für
Kenotyp 3

System 1

21 Zahlen in 28 Dreierreihen (VEW-System)
Einsatz: ab 28 Euro

	1	2	3	4	5	6	7	8	9	10	11	12	13	14	15	16	17	18	19	20	21	22	23	24	25	26	27	28
1	X	X	X	X																								
2	X				X	X	X																					
3		X			X			X	X																			
4	X									X	X	X																
5		X								X			X	X														
6					X					X					X	X												
7			X			X											X	X										
8				X				X									X		X									
9							X		X								X			X								
10											X		X					X	X									
11		X										X									X	X						
12			X											X							X		X					
13							X								X						X			X				
14											X					X							X	X				
15																		X		X		X		X				
16						X						X													X	X		
17								X						X											X		X	
18									X							X									X			X
19													X		X											X	X	
20																			X	X						X		X
21																							X	X			X	X

Garantietabelle System 1

Treffer	3	2	Fälle	in Prozent
20	24	4	21	100.00
19	21	6	84	40.00
	20	8	126	60.00
18	19	6	48	3.61
	18	8-9	388	29.17
	17	10	648	48.72
	16	12	246	18.50
17	17	6	60	1.00
	16	8-9	591	9.87
	15	10-11	1812	30.28
	14	12-13	2388	39.90
	13	14	984	16.44
	12	16	150	2.51
16	16	4	15	0.07
	15	6-7	63	0.31
	14	8-10	1250	6.14
	13	10-12	3808	18.71
	12	12-14	7093	34.86
	11	14-15	5775	28.38
	10	16-17	2000	9.83
	9	18	314	1.54
	8	20	31	0.15
15	16	-	1	0.00
	15	2-3	3	0.01
	14	4-5	15	0.03
	13	6-9	351	0.65
	12	8-12	2579	4.75
	11	10-13	9026	16.63
	10	12-15	16276	29.99
	9	14-16	16285	30.01
	8	16-18	7623	14.05
	7	18-19	1821	3.36
	6	20-21	249	0.46
	5	22	34	0.06
	4	24	1	0.00
14	13	2-3	23	0.02
	12	4-6	92	0.08
	11	6-9	1129	0.97
	10	8-12	7106	6.11
	9	10-14	20461	17.60
	8	12-16	35032	30.13
	7	14-17	32569	28.01
	6	16-19	15264	13.13
	5	18-20	3888	3.34
	4	20-22	640	0.55
	3	22-23	66	0.06
	2	24-25	10	0.01
13	12	1	2	0.00
	11	2-4	74	0.04
	10	4-7	504	0.25
	9	6-10	4433	2.18
	8	8-13	19177	9.42
	7	10-15	46114	22.66
	6	12-17	64534	31.71
	5	14-18	46509	22.86

Treffer	3	2	Fälle	in Prozent
13	4	16-20	17712	8.70
	3	18-21	3838	1.89
	2	20-23	534	0.26
	1	22-24	56	0.03
	-	26	1	0.00
	-	25	1	0.00
	-	24	1	0.00
12	10	0-3	24	0.01
	9	2-6	311	0.11
	8	4-9	2890	0.98
	7	6-12	15531	5.28
	6	8-15	49939	16.99
	5	10-16	90159	30.67
	4	12-18	84011	28.58
	3	14-19	39549	13.46
	2	16-21	9965	3.39
	1	18-22	1434	0.49
	-	23	10	0.00
	-	22	30	0.01
	-	21	48	0.02
	-	20	29	0.01
11	8	0-5	233	0.07
	7	2-7	1944	0.55
	6	4-10	12897	3.66
	5	6-13	49347	13.99
	4	8-16	107152	30.38
	3	10-17	111166	31.52
	2	12-19	55081	15.62
	1	14-20	13367	3.79
	-	22	1	0.00
	-	21	8	0.00
	-	20	73	0.02
	-	19	342	0.10
	-	18	555	0.16
	-	17	432	0.12
	-	16	118	0.03
10	8	-	2	0.00
	7	0-3	130	0.04
	6	0-6	1586	0.45
	5	2-10	10956	3.11
	4	4-12	49220	13.95
	3	6-14	115722	32.81
	2	8-16	115726	32.81
	1	10-18	50352	14.28
	-	20	2	0.00
	-	19	6	0.00
	-	18	69	0.02
	-	17	462	0.13
	-	16	1934	0.55
	-	15	3161	0.90
	-	14	2414	0.68
	-	13	856	0.24
	-	12	118	0.03
9	7	-	7	0.00
	6	0-3	54	0.02

Treffer	3	2	Fälle	Prozent
9	5	0-6	1528	0.52
	4	1-9	9641	3.28
	3	2-12	52411	17.83
	2	4-14	112664	38.33
	1	6-16	90654	30.84
	-	18	2	0.00
	-	17	4	0.00
	-	16	69	0.02
	-	15	446	0.15
	-	14	2251	0.77
	-	13	6443	2.19
	-	12	9428	3.21
	-	11	5995	2.04
	-	10	1956	0.67
	-	9	348	0.12
	-	8	29	0.01
8	5	0-2	107	0.05
	4	0-5	1157	0.57
	3	0-8	10742	5.28
	2	0-11	56782	27.90
	1	2-14	88951	43.71
	-	15	2	0.00
	-	14	43	0.02
	-	13	394	0.19
	-	12	1916	0.94
	-	11	6924	3.40
	-	10	14097	6.93
	-	9	13913	6.84
	-	8	6568	3.23
	-	7	1582	0.78
	-	6	276	0.14
	-	5	35	0.02
	-	4	1	0.00
7	4	0-2	129	0.11
	3	0-5	900	0.77
	2	0-8	15426	13.27
	1	0-11	51612	44.39
	-	13	4	0.00
	-	12	20	0.02
	-	11	245	0.21
	-	10	1520	1.31
	-	9	5602	4.82
	-	8	13115	11.28
	-	7	15948	13.72
	-	6	8731	7.51
	-	5	2498	2.15
	-	4	466	0.40
	-	3	55	0.05
	-	2	9	0.01
6	4	-	8	0.01
	3	0-3	16	0.03
	2	0-5	2172	4.00
	1	0-9	18424	33.95
	-	12	1	0.00

Treffer	3	2	Fälle	Prozent
	-	11	2	0.00
	-	10	14	0.03
	-	9	149	0.27
	-	8	1003	1.85
	-	7	4003	7.38
	-	6	9500	17.51
	-	5	11246	20.72
	-	4	5922	10.91
	-	3	1536	2.83
	-	2	233	0.43
	-	1	34	0.06
	-	-	1	0.00
5	2	0-2	126	0.62
	1	0-5	4032	19.81
	-	8	15	0.07
	-	7	55	0.27
	-	6	724	3.56
	-	5	2512	12.34
	-	4	5652	27.78
	-	3	5005	24.60
	-	2	1883	9.25
	-	1	314	1.54
	-	-	31	0.15
4	1	0-2	504	8.42
	-	5	60	1.00
	-	4	447	7.47
	-	3	1596	26.67
	-	2	2244	37.49
	-	1	984	16.44
	-	-	150	2.51
3	1	-	28	2.11
	-	3	48	3.61
	-	2	360	27.07
	-	1	648	48.72
	-	-	246	18.50
2	-	1	84	40.00
	-	-	126	60.00

Systeme für
Kenotyp 4

System 2

12 Zahlen in 39 Viererreihen (VEW-System)
Einsatz: ab 39 Euro

	1	2	3	4	5	6	7	8	9	10	11	12	13	14	15	16	17	18	19	20	21	22	23	24	25	26	27	28	29	30	31	32	33	34	35	36	37	38	39
1	X	X	X	X	X	X	X	X	X	X	X	X	X																										
2	X	X	X	X	X									X	X	X	X	X	X	X	X																		
3	X					X	X	X	X					X	X	X	X					X	X	X	X														
4	X									X	X	X	X					X	X	X	X	X	X	X	X														
5		X				X				X				X				X				X				X	X	X	X	X	X	X							
6		X					X				X				X				X			X				X	X	X					X	X	X	X			
7			X			X				X					X			X					X			X			X	X			X	X			X	X	
8			X				X				X			X					X				X			X					X	X			X	X	X	X	
9				X				X				X				X				X				X			X		X		X		X		X		X		X
10				X					X				X				X				X			X			X			X		X		X		X	X		X
11					X			X					X				X			X					X			X	X			X		X	X			X	X
12					X				X				X				X				X				X			X		X	X		X			X		X	X

Garantietabelle System 2

Treffer	4 Richtige	3 Richtige	2 Richtige	Fälle	Prozent
12	39	-	-	1	100.00
11	26	13	-	12	100.00
10	18	16	5	18	27.27
	16	20	3	48	72.73
9	14	12	12	12	5.45
	10	20	8	144	65.45
	9	21	9	64	29.09
8	14	-	24	3	0.61
	7	16	12	96	19.39
	6	16	16	36	7.27
	5	18-20	10-14	360	72.73
7	7	7	18	24	3.03
	3	11-15	14-22	480	60.61
	2	15	16	288	36.36
6	3	0-8	15-33	108	11.69
	1	8-12	15-21	768	83.12
	-	12	15	48	5.19
5	1	2-6	14-22	312	39.39
	-	7	15	192	24.24
	-	6	16	288	36.36
4	1	-	16-24	39	7.88
	-	4	10-12	168	33.94
	-	2	14	288	58.18
3	-	1	8-12	156	70.91
	-	-	9	64	29.09
2	-	-	5	18	27.27
	-	-	3	48	72.73

System 3

14 Zahlen in 14 Viererreihen (VEW-System)
Einsatz: ab 14 Euro

	1	2	3	4	5	6	7	8	9	10	11	12	13	14
1	X	X	X	X										
2	X				X	X	X							
3	X							X	X	X				
4	X										X	X	X	
5		X			X			X			X			
6			X		X				X			X		
7		X				X				X		X		
8				X			X			X	X			
9			X				X	X					X	
10				X		X			X				X	
11		X					X		X					X
12					X					X			X	X
13				X				X				X		X
14			X			X					X			X

Garantietabelle System 3

Treffer	4 R.	3 R.	2 R.	Fälle	in Prozent
14	14	-	-	1	100.00
13	10	4	-	14	100.00
12	7	6	1	84	92.31
	6	8	-	7	7.69
11	5	6	3	224	61.54
	4	8-9	0-2	140	38.46
10	4	4	6	154	15.38
	3	6-7	3-5	644	64.34
	2	8-9	2-4	189	18.88
	1	12	-	14	1.40
9	3	2-3	7-9	224	11.19
	2	4-6	4-8	1134	56.64
	1	7-8	3-5	588	29.37
	-	10	3	56	2.80
8	2	0-3	6-12	595	19.81
	1	4-6	3-8	1750	58.28
	-	8	2	42	1.40
	-	7	4-5	504	16.78
	-	6	6-7	112	3.73
7	2	-	8	84	2.45
	1	1-3	5-9	1512	44.06
	-	7	-	16	0.47
	-	5	4-5	840	24.48
	-	4	6-8	924	26.92
	-	3	9	56	1.63

Treffer	4 R.	3 R.	2 R.	Fälle	in Prozent
6	1	0-1	5-8	630	20.98
	-	4	2-3	154	5.13
	-	3	4-6	1176	39.16
	-	2	6-8	1036	34.50
	-	12	7	7	0.23
5	1	-	3-4	140	6.99
	-	2	3-4	756	37.76
	-	1	5-7	1008	50.35
	-	-	9	56	2.80
	-	-	8	42	2.10
4	1	-	-	14	1.40
	-	1	2-3	560	55.94
	-	-	6	154	15.38
	-	-	5	252	25.17
	-	-	4	21	2.10
3	-	1	-	56	15.38
	-	-	3	224	61.54
	-	-	2	84	23.08
2	-	-	1	84	92.31
	-	-	-	7	7.69

System 4

14 Zahlen in 21 Viererreihen (VEW-System)
Einsatz: ab 21 Euro

	1	2	3	4	5	6	7	8	9	10	11	12	13	14	15	16	17	18	19	20	21
1	X	X	X	X	X	X															
2	X						X	X	X	X	X										
3		X					X					X	X	X	X						
4			X					X				X				X	X	X			
5				X					X				X			X			X	X	
6					X					X				X			X		X		X
7						X					X				X			X		X	X
8					X					X				X			X		X		X
9						X					X				X			X		X	X
10				X					X				X			X			X	X	
11		X						X				X				X	X	X			
12	X	X	X	X	X	X															
13	X						X	X	X	X	X										
14		X					X					X	X	X	X						

Garantietabelle System 4

Treffer	4 R.	3 R.	2 R.	Fälle	Prozent
14	21	-	-	1	100.00
13	15	6	-	14	100.00
12	15	-	6	7	7.69
	10	10	1	84	92.31
11	10	5	5	84	23.08
	6	12	3	280	76.92
10	10	-	10	21	2.10
	6	8	5	420	41.96
	3	12	6	560	55.94
9	6	4	8	210	10.49
	3	9	6	1120	55.94
	1	10	10	672	33.57
8	6	-	12	35	1.17
	3	6	7	840	27.97
	1	8	8	1680	55.94
	-	6	15	448	14.92
7	3	3	9	280	8.16
	1	6	7	1680	48.95
	-	5	11	1344	39.16
	-	-	21	128	3.73
6	3	-	12	35	1.17
	1	4	7	840	27.97
	-	4	8	1680	55.94
	-	-	15	448	14.92

Treffer	4 R.	3 R.	2 R.	Fälle	Prozent
5	1	2	8	210	10.49
	-	3	6	1120	55.94
	-	-	10	672	33.57
4	1	-	10	21	2.10
	-	2	5	420	41.96
	-	-	6	560	55.94
3	-	1	5	84	23.08
	-	-	3	280	76.92
2	-	-	6	7	7.69
	-	-	1	84	92.31

System 5

16 Zahlen in 20 Viererreihen (VEW-System)
Einsatz: ab 20 Euro

	1	2	3	4	5	6	7	8	9	10	11	12	13	14	15	16	17	18	19	20
1	X	X	X	X	X															
2	X					X	X	X	X											
3	X									X	X	X	X							
4	X													X	X	X	X			
5		X				X				X				X				X		
6			X				X				X				X			X		
7				X				X				X				X		X		
8					X				X				X				X	X		
9		X						X					X		X				X	
10					X		X			X						X			X	
11			X						X			X		X					X	
12				X		X					X						X		X	
13		X							X		X					X				X
14				X			X						X	X						X
15					X	X						X			X					X
16			X					X		X							X			X

Garantietabelle nächste Seite

Garantietabelle System 5

Treffer	4	3	2	Fälle	Prozent	Gewinn
16	20	-	-	1	100.00	440
15	15	5	-	16	100.00	340
14	11	8	1	120	100.00	259
13	8	9	3	480	85.71	197
	7	12	-	80	14.29	178
12	6	8	6	840	46.15	154
	5	11	3	960	52.75	135
	3	16	-	20	1.10	98
11	5	5	10	288	6.59	130
	4	8	7	2400	54.95	111
	3	11	4	1440	32.97	92
	2	13	4	240	5.49	74
10	5	-	15	48	0.60	125
	3	6	9	3520	43.96	87
	2	9	6	2880	35.96	68
	2	8	9	360	4.50	69
	1	12	3	240	3.00	49
	1	11	6	960	11.99	50
9	3	2	12	480	4.20	82
	2	5	9	4320	37.76	63
	2	4	12	240	2.10	64
	1	8	6	2400	20.98	44
	1	7	9	2880	25.17	45
	-	10	6	960	8.39	26
	-	9	9	160	1.40	27
8	2	2	10	1440	11.19	58
	2	-	16	30	0.23	60
	1	5	7	2880	22.38	39
	1	4	10	4080	31.70	40
	-	8	4	120	0.93	20
	-	7	7	2880	22.38	21
	-	6	10	1440	11.19	22
7	2	-	9	160	1.40	53
	1	3	6	960	8.39	34
	1	2	9	2880	25.17	35
	1	1	12	240	2.10	36
	-	5	6	2400	20.98	16
	-	4	9	4320	37.76	17
	-	3	12	480	4.20	18
6	1	1	6	960	11.99	30
	1	-	9	360	4.50	31
	-	4	3	240	3.00	11
	-	3	6	2880	35.96	12
	-	2	9	3520	43.96	13
	-	-	15	48	0.60	15
5	1	-	4	240	5.49	26
	-	2	4	1440	32.97	8
	-	1	7	2400	54.95	9
	-	-	10	288	6.59	10
4	1	-	-	20	1.10	22
	-	1	3	960	52.75	5
	-	-	6	840	46.15	6
3	-	1	-	80	14.29	2
	-	-	3	480	85.71	3
2	-	-	1	120	100.00	1

System 6

16 Zahlen in 140 Viererreihen (VEW-System)
Einsatz: ab 140 Euro

	1	2	3	4	5	6	7	8	9	10	11	12	13	14	15	16	17	18	19	20	21	22	23	24	25	26	27	28	29	30	31	32	33	34	35
1	X	X	X	X	X	X	X	X	X	X	X	X	X	X	X	X	X	X	X	X	X	X	X	X	X	X	X	X	X	X	X	X	X	X	X
2	X	X	X	X	X	X	X																												
3	X							X	X	X	X	X	X																						
4	X													X	X	X	X	X	X																
5		X						X						X						X	X	X	X												
6		X							X						X									X	X	X	X								
7			X					X								X												X	X	X	X				
8			X						X								X															X	X	X	X
9				X						X						X				X				X					X			X			
10				X							X						X				X				X				X				X		
11					X					X							X					X		X						X			X		
12					X						X			X									X			X				X					X
13						X						X					X		X						X						X				X
14						X						X						X		X			X							X				X	
15							X						X					X				X				X	X					X			
16							X						X		X								X					X			X			X	

	36	37	38	39	40	41	42	43	44	45	46	47	48	49	50	51	52	53	54	55	56	57	58	59	60	61	62	63	64	65	66	67	68	69	70
1																																			
2	X	X	X	X	X	X	X	X	X	X	X	X	X	X	X	X	X	X	X	X	X	X	X	X	X	X	X	X							
3	X	X	X	X	X	X																							X	X	X	X	X	X	X
4							X	X	X	X	X	X																	X	X	X	X	X	X	
5	X						X						X	X	X	X													X						X
6		X						X									X	X	X	X									X						
7		X					X														X	X	X	X						X					
8	X							X																	X	X	X	X		X					
9			X								X					X					X					X						X			X
10			X					X									X					X				X					X				
11				X									X					X					X				X					X			
12			X					X											X				X				X					X			
13					X									X						X				X				X					X		
14						X									X							X			X			X					X		
15						X								X					X			X			X									X	X
16					X								X				X						X			X								X	

	71	72	73	74	75	76	77	78	79	80	81	82	83	84	85	86	87	88	89	90	91	92	93	94	95	96	97	98	99	100	101	102	103	104	105
1																																			
2																																			
3	X	X	X	X	X	X	X	X	X	X	X	X	X	X	X																				
4																X	X	X	X	X	X	X	X	X	X	X	X	X	X	X	X				
5	X	X	X													X	X	X	X													X	X	X	X
6				X	X	X	X													X	X	X	X									X	X	X	X
7								X	X	X	X													X	X	X	X					X			
8												X	X	X	X													X	X	X	X	X			
9				X					X					X					X					X					X					X	
10	X					X					X					X					X					X					X				
11		X					X					X					X					X					X					X			
12			X					X					X					X					X					X					X		
13		X				X	X						X						X			X			X				X						X
14			X			X				X					X					X			X	X					X						X
15				X						X				X			X					X					X				X				
16	X			X							X					X						X					X						X		

	106	107	108	109	110	111	112	113	114	115	116	117	118	119	120	121	122	123	124	125	126	127	128	129	130	131	132	133	134	135	136	137	138	139	140
1																																			
2																																			
3																																			
4																																			
5	X	X	X	X	X	X	X	X	X																										
6	X									X	X	X	X	X	X	X	X																		
7		X	X	X	X					X	X	X	X					X	X	X	X														
8						X	X	X	X					X	X	X	X	X	X	X	X														
9		X				X				X				X				X				X	X	X	X	X	X	X							
10			X				X				X				X				X			X	X	X					X	X	X	X			
11		X					X				X				X				X				X			X	X		X	X			X	X	
12			X			X				X					X				X				X				X		X	X	X	X			
13				X				X				X				X				X			X		X		X			X		X			X
14					X				X				X				X		X				X			X			X		X		X	X	X
15	X			X					X				X				X			X			X			X		X		X	X			X	X
16	X				X			X				X					X				X			X		X	X		X			X		X	X

Garantietabelle System 6

Treffer	4	3	2	Fälle	Prozent	Gewinn €
16	140	-	-	1	100.00	3.080
15	105	35	-	16	100.00	2.380
14	77	56	7	120	100.00	1.813
13	55	66	18	560	100.00	1.360
12	39	64	36	140	7.69	1.022
	38	68	30	1680	92.31	1.002
11	26	61	46	1680	38.46	740
	25	65	40	2688	61.54	720
10	18	48	63	840	10.49	555
	16	56	51	6720	83.92	515
	15	60	45	448	5.59	495
9	14	28	84	240	2.10	448
	10	44	60	6720	58.74	368
	9	48	54	4480	39.16	348
8	14	-	112	30	0.23	420
	7	28	70	1920	14.92	280
	6	32	64	840	6.53	260
	5	36	58	10080	78.32	240
7	7	7	84	240	2.10	252
	3	23	60	6720	58.74	172
	2	27	54	4480	39.16	152
6	3	8	63	840	10.49	145
	1	16	51	6720	83.92	105
	-	20	45	448	5.59	85
5	1	6	46	1680	38.46	80
	-	10	40	2688	61.54	60
4	1	-	36	140	7.69	58
	-	4	30	1680	92.31	38
3	-	1	18	560	100.00	20
2	-	-	7	120	100.00	7

Systeme für
Kenotyp 5

System 7

12 Zahlen in 36 Fünferreihen (VEW-System)
Einsatz: ab 36 Euro

	1	2	3	4	5	6	7	8	9	10	11	12	13	14	15	16	17	18	19	20	21	22	23	24	25	26	27	28	29	30	31	32	33	34	35	36
1	X	X	X	X	X	X	X	X	X	X	X	X	X	X	X																					
2	X	X	X	X	X	X	X	X	X	X	X	X				X	X	X																		
3	X	X	X	X	X	X	X	X	X				X	X	X	X	X	X																		
4	X	X								X			X			X			X	X	X	X	X	X	X	X	X	X								
5	X		X							X			X			X			X	X	X	X	X	X	X	X			X	X						
6		X	X							X			X			X			X	X	X	X	X	X			X	X	X	X						
7				X	X						X			X			X		X	X					X		X		X			X	X	X	X	X
8				X		X					X			X			X		X		X				X		X		X		X		X	X	X	X
9					X	X					X			X			X			X	X				X		X		X		X	X		X	X	X
10							X	X				X			X			X				X	X			X		X		X	X	X	X		X	X
11							X		X			X			X			X				X		X		X		X		X	X	X	X	X		X
12								X	X			X			X			X					X	X		X		X		X	X	X	X	X	X	

Garantietabelle System 7

Treffer	5	4	3	Fälle	Prozent	Gewinn €
12	36	-	-	1	100.00	3600
11	21	15	-	12	100.00	2205
10	18	6	12	12	18.18	1866
	10	22	4	54	81.82	1162
9	18	-	9	4	1.82	1818
	8	14	11	108	49.09	920
	3	21	12	108	49.09	471
8	8	10	6	36	7.27	882
	6	8	16	54	10.91	688
	2	14	14	324	65.45	326
	-	12	24	81	16.36	132
7	6	4	14	36	4.55	656
	2	12	7	108	13.64	298
	1	9	14	324	40.91	191
	-	6	21	324	40.91	84
6	6	-	12	6	0.65	624
	1	7	10	216	23.38	169
	-	6	12	216	23.38	66
	-	2	16	486	52.60	46
5	1	5	6	36	4.55	147
	-	4	11	108	13.64	50
	-	2	10	324	40.91	34
	-	-	9	324	40.91	18
4	-	2	10	36	7.27	34
	-	2	4	54	10.91	22
	-	-	6	324	65.45	12
	-	-	-	81	16.36	0
3	-	-	9	4	1.82	18
	-	-	3	108	49.09	6
	-	-	-	108	49.09	0

System 8

14 Zahlen in 28 Fünferreihen (VEW-System)
Einsatz: ab 28 Euro

	1	2	3	4	5	6	7	8	9	10	11	12	13	14	15	16	17	18	19	20	21	22	23	24	25	26	27	28
1	X	X	X	X	X	X	X	X	X	X																		
2	X	X	X								X	X	X	X	X	X	X											
3				X	X	X					X	X	X					X	X	X	X							
4							X	X	X					X	X	X		X	X	X		X						
5	X			X			X				X						X	X			X	X	X	X				
6		X		X						X		X		X				X			X	X				X	X	
7					X			X		X		X			X		X	X					X			X		X
8			X	X				X						X			X			X	X				X	X	X	
9	X					X		X				X				X					X	X		X			X	X
10	X								X	X			X	X				X			X		X		X			X
11		X				X			X		X				X				X		X			X	X			X
12			X			X	X			X			X		X				X				X	X		X		
13		X			X		X				X			X	X			X			X						X	X
14			X		X			X		X					X			X		X			X	X		X		

Garantietabelle nächste Seite

Garantietabelle System 8

Treffer	5	4	3	Fälle	Prozent
14	28	-	-	1	100.00
13	18	10	-	14	100.00
12	12	12	4	7	7.69
	11	14	3	84	92.31
11	7	12-13	7-9	168	46.15
	6	15	6	196	53.85
10	6	4	18	14	1.40
	4	10-12	8-13	525	52.45
	3	12-14	7-12	420	41.96
	2	16	6	42	4.20
9	3	3-6	13-21	252	12.59
	2	8-10	8-13	1050	52.45
	1	10-12	7-12	672	33.57
	-	15	4	28	1.40
8	2	2-3	13-16	294	9.79
	1	4-6	9-16	1764	58.74
	-	12	-	7	0.23
	-	10	4	42	1.40
	-	9	8	84	2.80
	-	8	10-11	588	19.58
	-	7	12	168	5.59
	-	6	15	56	1.86
7	1	1-2	10-13	1008	29.37
	-	7	-	8	0.23
	-	6	6	56	1.63
	-	5	7-9	672	19.58
	-	4	9-12	1204	35.08
	-	3	12-13	476	13.87
	-	-	21	8	0.23
6	1	-	7	252	8.39
	-	3	4-6	252	8.39
	-	2	6-9	1890	62.94
	-	1	9-10	504	16.78
	-	-	16	7	0.23
	-	-	14	42	1.40
	-	-	12	56	1.86
5	1	-	-	28	1.40
	-	1	3-5	1260	62.94
	-	-	9	28	1.40
	-	-	8	126	6.29
	-	-	7	252	12.59
	-	-	6	224	11.19
	-	-	5	84	4.20
4	-	1	-	140	13.99
	-	-	4	147	14.69
	-	-	3	532	53.15
	-	-	2	168	16.78
	-	-	-	14	1.40
3	-	-	1	280	76.92
	-	-	-	84	23.08

System 9

15 Zahlen in 6 Fünferreihen (VEW-System)
Einsatz: ab 6 Euro

	1	2	3	4	5	6
1	X	X				
2	X		X			
3	X			X		
4	X				X	
5	X					X
6		X	X			
7		X		X		
8		X			X	
9		X				X
10			X	X		
11			X		X	
12			X			X
13				X	X	
14				X		X
15					X	X

Garantietabelle System 9

Treffer	5	4	3	Fälle	Prozent
15	6	-	-	1	100.00
14	4	2	-	15	100.00
13	3	2	1	60	57.14
	2	4	-	45	42.86
12	3	-	3	20	4.40
	2	2-3	0-2	240	52.75
	1	4	1	180	39.56
	-	6	-	15	3.30
11	2	0-1	2-4	225	16.48
	1	2-4	0-3	810	59.34
	-	5	-	60	4.40
	-	4	2	270	19.78
10	2	-	2	90	3.00
	1	0-2	1-5	1332	44.36
	-	5	-	6	0.20
	-	4	0-1	210	6.99
	-	3	2	900	29.97
	-	2	4	465	15.48

Fortsetzung

Treffer	5	4	3	Fälle	Prozent
9	2	-	-	15	0.30
	1	0-1	1-4	1230	24.58
	-	3	0-2	540	10.79
	-	2	2-3	2070	41.36
	-	1	4	1080	21.58
	-	-	6	70	1.40
8	1	0-1	0-3	720	11.19
	-	2	0-2	1455	22.61
	-	1	2-4	3270	50.82
	-	-	5	180	2.80
	-	-	4	810	12.59
7	1	-	0-1	270	4.20
	-	2	-	240	3.73
	-	1	0-3	3120	48.48
	-	-	4	375	5.83
	-	-	3	1620	25.17
	-	-	2	810	12.59
6	1	-	-	60	1.20
	-	1	0-1	1350	26.97
	-	-	4	15	0.30
	-	-	3	480	9.59
	-	-	2	1950	38.96
	-	-	1	1080	21.58
	-	-	-	70	1.40
5	1	-	-	6	0.20
	-	1	-	300	9.99
	-	-	2	540	17.98
	-	-	1	1620	53.95
	-	-	-	72	2.40
	-	-	-	465	15.48
4	-	1	-	30	2.20
	-	-	1	600	43.96
	-	-	-	45	3.30
	-	-	-	420	30.77
	-	-	-	270	19.78
3	-	-	1	60	13.19
	-	-	-	20	4.40
	-	-	-	180	39.56
	-	-	-	180	39.56
	-	-	-	15	3.30

System 10

15 Zahlen in 42 Fünferreihen (VEW-System)
Einsatz: ab 42 Euro

	1	2	3	4	5	6	7	8	9	10	11	12	13	14	15	16	17	18	19	20	21
1	X	X	X	X	X	X	X	X	X	X	X	X	X	X							
2	X	X	X	X											X	X	X	X	X	X	X
3	X				X	X	X								X	X	X				
4	X							X	X	X								X	X	X	
5	X										X	X	X								X
6		X			X			X			X				X						X
7			X		X				X			X				X		X			X
8		X				X				X		X				X			X		
9				X			X			X	X					X				X	
10			X				X	X					X						X		
11				X		X			X				X				X		X		X
12		X					X		X					X			X			X	
13					X						X		X	X			X	X			
14				X				X				X		X	X			X			
15			X			X					X			X	X					X	

	22	23	24	25	26	27	28	29	30	31	32	33	34	35	36	37	38	39	40	41	42
1																					
2	X	X	X																		
3				X	X	X	X	X	X	X											
4				X	X	X					X	X	X	X							
5	X	X					X	X	X		X	X	X		X						
6			X	X			X				X		X			X	X	X			
7								X		X		X		X		X			X	X	
8	X				X		X						X	X		X		X			X
9			X	X					X			X		X	X					X	X
10		X	X			X	X			X		X						X	X		X
11			X							X			X		X		X	X		X	
12		X			X			X			X				X	X		X	X		
13	X		X			X			X		X					X			X	X	
14		X			X				X	X			X			X	X				X
15	X					X		X					X	X				X		X	X

Garantietabelle nächste Seite

Garantietabelle System 10

Treffer	5	4	3	Fälle	Prozent
15	42	-	-	1	100.00
14	28	14	-	15	100.00
13	18	20	4	105	100.00
12	12	18	12	35	7.69
	11	21	9	420	92.31
11	7	16-17	15-18	630	46.15
	6	20	12	735	53.85
10	6	5	30	42	1.40
	4	13-14	16-19	1575	52.45
	3	16-17	13-16	1260	41.96
	2	20	10	126	4.20
9	3	6	23-24	630	12.59
	2	10-12	12-18	2625	52.45
	1	12-13	15-18	1680	33.57
	-	18	6	70	1.40
8	2	3	20	630	9.79
	1	6-7	15-18	3780	58.74
	-	14	-	15	0.23
	-	10	12	630	9.79
	-	9	15	1260	19.58
	-	7	21	120	1.86
7	1	2	14-15	1890	29.37
	-	7	7	120	1.86
	-	5	12-13	2940	45.69
	-	4	15-16	1470	22.84
	-	-	28	15	0.23
6	1	-	9	420	8.39
	-	3	6-8	630	12.59
	-	2	10-11	3780	75.52
	-	-	18	70	1.40
	-	-	16	105	2.10
5	1	-	-	42	1.40
	-	1	5-6	2100	69.93
	-	-	10	126	4.20
	-	-	9	420	13.99
	-	-	8	315	10.49
4	-	1	-	210	15.38
	-	-	4	735	53.85
	-	-	3	420	30.77
3	-	-	1	420	92.31
	-	-	-	35	7.69

System 11

16 Zahlen in 48 Fünferreihen (VEW-System)
Einsatz: ab 48 Euro

	1	2	3	4	5	6	7	8	9	10	11	12	13	14	15	16	17	18	19	20	21	22	23	24
1	X	X	X	X	X	X	X	X	X	X	X	X	X	X	X									
2	X	X	X	X												X	X	X	X	X	X	X	X	X
3	X				X	X	X									X	X	X						
4		X			X			X	X								X			X	X			
5			X					X		X	X							X				X	X	
6		X										X	X	X			X			X			X	
7		X					X			X					X		X							X
8						X		X				X			X		X		X				X	
9	X										X		X		X					X	X			
10			X			X			X				X			X								X
11							X		X		X			X				X		X		X		X
12	X								X	X		X							X			X		
13				X			X	X					X			X							X	X
14				X		X				X				X					X		X			X
15			X		X									X	X					X			X	
16				X	X						X	X						X						

	25	26	27	28	29	30	31	32	33	34	35	36	37	38	39	40	41	42	43	44	45	46	47	48
1																								
2	X	X																						
3			X	X	X	X	X	X	X	X														
4			X	X							X	X	X	X	X	X								
5			X		X	X					X	X						X	X	X				
6				X			X	X			X		X					X	X		X			
7	X						X		X			X		X	X		X			X	X			
8		X		X						X				X				X	X		X	X		
9		X		X	X				X			X			X					X		X	X	
10		X				X	X					X	X					X			X		X	X
11			X							X				X				X		X		X		X
12	X					X		X		X	X				X					X	X		X	
13					X			X						X	X	X					X	X		X
14			X					X	X				X		X				X			X	X	
15	X				X		X			X	X				X				X				X	X
16	X	X				X			X				X	X		X	X		X					X

Garantietabelle System 11

Treffer	5	4	3	Fälle	in Prozent
16	48	-	-	1	100.00
15	33	15	-	16	100.00
14	22	22	4	120	100.00
13	15	21	12	80	14.29
	14	24	9	480	85.71
12	12	12	24	20	1.10
	9	20-21	15-18	1200	65.93
	8	24	12	600	32.97
11	7	10-13	22-30	288	6.59
	6	15	22	480	10.99
	5	18-19	16-19	2880	65.93
	4	21-22	13-16	720	16.48
10	4	9-11	21-26	1680	20.98
	3	12-14	18-24	2800	34.97
	2	15-18	12-20	3528	44.06
9	3	5-6	21-23	640	5.59
	2	7-9	18-24	4080	35.66
	1	10-12	14-21	5760	50.35
	-	14	15	960	8.39
8	2	2-3	18-20	720	5.59
	1	4-6	15-22	6480	50.35
	-	9	12-13	1200	9.32
	-	8	15-16	2550	19.81
	-	7	18-19	1920	14.92
7	1	0-2	13-20	2640	23.08
	-	5	10-11	2160	18.88
	-	4	13-15	4560	39.86
	-	3	15-17	2080	18.18
6	1	-	8-10	528	6.59
	-	3	6	640	7.99
	-	2	8-10	4560	56.94
	-	1	11-13	2160	26.97
	-	-	16	120	1.50
5	1	-	-	48	1.10
	-	1	4-6	2640	60.44
	-	-	9	480	10.99
	-	-	8	960	21.98
	-	-	6	240	5.49
4	-	1	-	240	13.19
	-	-	4	600	32.97
	-	-	3	960	52.75
	-	-	-	20	1.10
3	-	-	1	480	85.71

System 12

17 Zahlen in 68 Fünferreihen (VEW-System)
Einsatz: ab 68 Euro

	1	2	3	4	5	6	7	8	9	10	11	12	13	14	15	16	17	18	19	20	21	22	23	24	25	26	27	28	29	30	31	32	33	34
1	X	X	X	X	X	X	X	X	X	X	X	X	X	X	X	X	X	X	X	X														
2	X	X	X	X	X																X	X	X	X	X	X	X	X	X	X	X	X	X	X
3	X					X	X	X	X												X	X	X	X										
4		X				X				X	X	X									X				X	X	X							
5			X				X			X			X	X								X			X			X	X					
6		X					X									X	X	X					X					X		X	X			
7		X						X					X					X	X			X										X	X	X
8				X					X	X				X				X				X					X			X				
9	X										X			X		X		X								X		X				X		
10			X						X			X				X			X		X									X		X		
11				X				X				X		X			X						X			X			X			X		
12	X											X	X		X				X								X		X	X		X		X
13					X			X		X						X	X	X		X				X			X					X		
14					X				X		X		X				X							X			X			X				X
15			X			X											X	X		X				X					X			X		
16					X	X								X	X			X		X				X					X			X	X	
17				X			X				X							X	X					X	X							X	X	

	35	36	37	38	39	40	41	42	43	44	45	46	47	48	49	50	51	52	53	54	55	56	57	58	59	60	61	62	63	64	65	66	67	68
1																																		
2	X																																	
3		X	X	X	X	X	X	X	X	X	X	X																						
4		X	X	X									X	X	X	X	X	X	X	X														
5		X			X	X							X	X							X	X	X	X	X	X								
6			X				X	X					X		X	X					X	X				X	X	X						
7				X			X		X					X			X	X			X		X			X	X		X					
8	X		X							X	X					X			X			X		X	X		X			X	X			
9	X		X		X			X			X		X						X				X			X	X		X	X				
10	X						X	X			X			X	X			X			X				X			X		X	X			
11		X								X		X				X	X				X	X				X			X			X	X	
12			X		X		X		X				X						X			X				X		X		X		X		X
13				X			X			X					X		X			X	X				X				X	X		X		
14		X					X	X					X			X						X	X	X					X	X				X
15				X		X			X							X	X				X			X				X			X	X		
16	X				X			X		X					X				X	X				X				X					X	X
17			X								X	X				X			X		X	X			X	X			X					X

Garantietabelle System 12

Treffer	5	4	3	Fälle	Prozent	Gewinn €
17	68	-	-	1	100.00	6800
16	48	20	-	17	100.00	4940
15	33	30	5	136	100.00	3520
14	22	33	12	680	100.00	2455
13	15	28	24	340	14.29	1744
	14	32	18	2040	85.71	1660
12	12	15	40	68	1.10	1385
	9	26	26	4080	65.93	1134
	8	30	20	2040	32.97	1050
11	7	15	35	816	6.59	875
	6	18	33	1360	10.99	792
	5	22	27	8160	65.93	708
	4	26	21	2040	16.48	624
10	4	12	32	4080	20.98	548
	3	15	30	6800	34.97	465
	2	20	20	408	2.10	380
	2	19	24	8160	41.96	381
9	3	6	30	1360	5.59	402
	2	9	28	8160	33.57	319
	2	8	32	510	2.10	320
	1	13	22	4080	16.78	235
	1	12	26	8160	33.57	236
	-	16	20	2040	8.39	152
8	2	3	24	1360	5.59	269
	1	6	22	8160	33.57	186
	1	5	26	4080	16.78	187
	-	10	16	510	2.10	102
	-	9	20	8160	33.57	103
	-	8	24	2040	8.39	104
7	1	2	17	4080	20.98	148
	1	-	25	408	2.10	150
	-	5	15	6800	34.97	65
	-	4	19	8160	41.96	66
6	1	-	10	816	6.59	120
	-	3	8	1360	10.99	37
	-	2	12	8160	65.93	38
	-	1	16	2040	16.48	39
5	1	-	-	68	1.10	100
	-	1	6	4080	65.93	19
	-	-	10	2040	32.97	20
4	-	1	-	340	14.29	7
	-	-	4	2040	85.71	8
3	-	-	1	680	100.00	2

System 13

21 Zahlen in 21 Fünferreihen (VEW-System)
Einsatz: ab 21 Euro

	1	2	3	4	5	6	7	8	9	10	11	12	13	14	15	16	17	18	19	20	21
1	X	X	X	X	X																
2	X					X	X	X	X												
3	X									X	X	X	X								
4	X													X	X	X	X				
5	X																	X	X	X	X
6		X				X				X				X				X			
7		X					X				X				X				X		
8		X						X				X				X				X	
9		X							X				X				X				X
10			X			X					X					X					X
11			X				X			X							X			X	
12			X					X					X	X					X		
13			X						X			X			X			X			
14				X		X						X					X		X		
15				X			X						X			X		X			
16				X				X		X					X						X
17				X					X		X			X						X	
18					X	X							X		X					X	
19					X		X					X		X							X
20					X			X			X						X	X			
21					X				X	X						X			X		

Garantietabelle nächste Seite

Garantietabelle System 13

Treffer	5	4	3	Fälle	Prozent
20	16	5	-	1	100.00
19	12	8	1	20	100.00
18	9	9	3	160	84.21
	8	12	-	30	15.79
17	7	8	6	480	42.11
	6	11	3	640	56.14
	4	16	-	20	1.75
16	6	5	10	240	4.95
	5	8	7	2400	49.54
	4	11	4	1800	37.15
	3	13	4	400	8.26
	-	20	-	5	0.10
15	6	-	15	48	0.31
	4	6	9	5280	34.06
	3	8-9	6-9	6480	41.80
	2	11-12	3-6	3600	23.22
	-	15	5	96	0.62
14	4	2	12	840	2.17
	3	4-5	9-12	10640	27.45
	2	7-8	6-9	18480	47.68
	1	9-10	6-9	7840	20.23
	-	14	-	120	0.31
	-	11	8	840	2.17
13	3	0-2	10-16	3920	5.06
	2	4-5	7-10	27840	35.91
	1	6-8	4-10	35520	45.82
	-	10	4	1920	2.48
	-	9	7	3840	4.95
	-	8	9	3840	4.95
	-	7	12	640	0.83
12	3	-	9	480	0.38
	2	1-3	6-12	18360	14.57
	1	3-5	6-12	64800	51.44
	-	9	-	120	0.10
	-	7	6	17280	13.72
	-	6	8-9	16200	12.86
	-	5	11	8640	6.86
	-	3	16	90	0.07
11	2	0-1	6-9	6600	3.93
	1	0-4	3-15	66880	39.82
	-	6	3	1600	0.95
	-	5	5-6	36480	21.72
	-	4	8-9	40800	24.29
	-	3	11	14400	8.57
	-	2	13	1200	0.71
10	2	-	4	1320	0.71
	1	0-2	4-10	45408	24.58
	-	5	-	528	0.29
	-	4	4	18480	10.00
	-	3	6-7	75680	40.96
	-	2	8-10	35420	19.17
	-	1	11-12	7920	4.29

Treffer	5	4	3	Fälle	Prozent
9	2	-	-	120	0.07
	1	0-1	3-6	21600	12.86
	-	3	2-3	17280	10.29
	-	2	4-6	76320	45.44
	-	1	7-8	46080	27.44
	-	-	12	160	0.10
	-	-	10	5760	3.43
	-	-	9	640	0.38
8	1	0-1	0-3	7280	5.78
	-	2	0-3	25090	19.92
	-	1	4-6	67080	53.25
	-	-	8	1560	1.24
	-	-	7	18720	14.86
	-	-	6	6240	4.95
7	1	-	1	1680	2.17
	-	2	-	2240	2.89
	-	1	1-3	34720	44.79
	-	-	7	240	0.31
	-	-	5	16800	21.67
	-	-	4	20160	26.01
	-	-	3	1680	2.17
6	1	-	-	240	0.62
	-	1	0-1	9000	23.22
	-	-	4	1800	4.64
	-	-	3	14400	37.15
	-	-	2	13200	34.06
	-	-	-	120	0.31
5	1	-	-	16	0.10
	-	1	-	1280	8.26
	-	-	2	5760	37.15
	-	-	1	7680	49.54
	-	-	-	768	4.95
4	-	1	-	85	1.75
	-	-	1	2720	56.14
	-	-	-	2040	42.11
3	-	-	1	180	15.79
	-	-	-	960	84.21

System 14

25 Zahlen in 30 Fünferreihen (VEW-System)
Einsatz: ab 30 Euro

	1	2	3	4	5	6	7	8	9	10	11	12	13	14	15	16	17	18	19	20	21	22	23	24	25	26	27	28	29	30
1	X					X	X	X	X	X																				
2	X										X	X	X	X	X															
3	X															X	X	X	X	X										
4	X																				X	X	X	X	X					
5	X																									X	X	X	X	X
6		X				X					X					X					X					X				
7		X					X					X					X					X					X			
8		X						X					X					X					X					X		
9		X							X					X					X					X					X	
10		X								X					X					X					X					X
11			X			X									X				X				X				X			
12			X				X				X									X				X				X		
13			X					X				X				X									X				X	
14			X						X				X				X				X									X
15			X							X				X				X				X				X				
16				X		X								X			X								X			X		
17				X			X								X			X			X								X	
18				X				X			X								X			X								X
19				X					X			X								X			X			X				
20				X						X			X			X								X			X			
21					X	X							X							X		X							X	
22					X		X							X		X							X							X
23					X			X							X		X							X		X				
24					X				X		X							X							X		X			
25					X					X		X							X		X							X		

Garantietabelle nächste Seite

Garantietabelle System 14

Treffer	5	4	3	Fälle	Prozent
20	10	10	10	6600	12.42
	9	13	7	30000	56.47
	8	16	4	13500	25.41
	7	18	4	3000	5.65
	4	25	-	30	0.06
19	9	6	15	1000	0.56
	8	9	12	18000	10.16
	7	12	9	84000	47.43
	6	14-15	6-9	52500	29.64
	5	17-18	3-6	21000	11.86
	3	21	5	600	0.34
18	7	6	15	12000	2.50
	6	9	12	98000	20.39
	5	11-12	9-12	213000	44.31
	4	14-15	6-9	120000	24.96
	3	15-18	3-11	33200	6.91
	2	18	8	4500	0.94
17	6	4	16	10500	0.97
	5	6-7	13-16	135000	12.48
	4	8-10	10-16	406875	37.62
	3	10-13	7-15	379200	35.06
	2	13-15	7-12	126000	11.65
	1	15-18	4-12	24000	2.22
16	5	3	15	18000	0.88
	4	5-6	12-15	232500	11.38
	3	5-9	9-20	760600	37.23
	2	9-12	6-15	733500	35.90
	1	11-14	6-14	270000	13.22
	-	16	6	6000	0.29
	-	15	8-9	10000	0.49
	-	14	11	12000	0.59
	-	12	16	375	0.02
15	5	-	15	600	0.02
	4	2-3	12-15	45000	1.38
	3	0-6	9-25	518060	15.85
	2	5-9	6-17	1353000	41.39
	1	7-11	6-17	1099500	33.64
	-	13	6	12000	0.37
	-	12	8-9	90000	2.75
	-	11	11-12	108000	3.30
	-	10	14-15	36600	1.12
	-	9	16	6000	0.18
14	4	1	10	3000	0.07
	3	1-4	7-16	168000	3.77
	2	1-6	7-20	1197900	26.87
	1	4-9	4-18	2127000	47.72
	-	11	4	1500	0.03
	-	10	6-7	93000	2.09
	-	9	9-10	363000	8.14
	-	8	12-13	384000	8.61
	-	7	14-15	99000	2.22
	-	6	17-18	21000	0.47
13	3	0-2	6-12	28000	0.54
	2	0-4	6-18	625800	12.03
	1	2-6	6-17	2443500	46.99
	-	3-9	3	2103000	40,43
12	3	-	6	2000	0.04
	2	0-3	3-12	210300	4.04
	1	1-5	3-15	1899000	36.52
	-	7	3	3089000	59,42

Treffer	5	4	3	Fälle	Prozent
11	2	0-1	4-7	45900	1.03
	1	0-4	1-13	1071000	24.03
	-	5	3-4	84000	1.88
	-	4	5-7	825000	18.51
	-	3	7-10	1470000	32.98
	-	2	10-13	820500	18.41
	-	1	13-15	132000	2.96
	-	-	16	6000	0.13
	-	-	15	3000	0.07
10	2	-	0-3	6060	0.19
	1	0-2	2-9	453000	13.86
	-	5	-	600	0.02
	-	4	2-3	45000	1.38
	-	3	3-6	638000	19.52
	-	2	6-9	1318500	40.34
	-	1	8-11	711000	21.75
	-	-	13	12000	0.37
	-	-	12	54000	1.65
	-	-	11	30000	0.92
	-	-	10	600	0.02
9	2	-	-	375	0.02
	1	0-1	0-6	144600	7.08
	-	3	0-3	54000	2.64
	-	2	3-6	586500	28.71
	-	1	5-8	942000	46.11
	-	-	10	15000	0.73
	-	-	9	140000	6.85
	-	-	8	142500	6.98
	-	-	7	18000	0.88
8	1	0-1	0-3	34200	3.16
	-	2	0-3	97875	9.05
	-	1	2-6	528000	48.82
	-	-	7	60000	5.55
	-	-	6	225000	20.80
	-	-	5	126000	11.65
	-	-	4	10500	0.97
7	1	-	0-1	5700	1.19
	-	2	-	6000	1.25
	-	1	1-3	159000	33.08
	-	-	2-6	310000	64,50
6	1	-	-	600	0.34
	-	1	0-1	28500	16.09
	-	-	4	3000	1.69
	-	-	3	42000	23.72
	-	-	2	84000	47.43
	-	-	1	18000	10.16
	-	-	-	1000	0.56
5	1	-	-	30	0.06
	-	1	-	3000	5.65
	-	-	2	13500	25.41
	-	-	1	30000	56.47
	-	-	-	6600	12.42
4	-	1	-	150	1.19
	-	-	1	6000	47.43
	-	-	-	6500	51.38
3	-	-	1	300	13.04
	-	-	-	2000	86.96

Systeme für
Kenotyp 6

System 15

10 Zahlen in 15 Sechserreihen (VEW-System)
Einsatz: ab 15 Euro

	1	2	3	4	5	6	7	8	9	10	11	12	13	14	15
1	X	X	X	X	X	X	X	X	X						
2	X	X	X	X	X					X	X	X	X		
3	X	X				X	X	X		X	X	X		X	
4			X	X		X	X		X	X	X		X	X	
5	X		X			X		X	X	X		X	X		X
6		X		X			X	X	X		X	X	X		X
7	X			X	X		X		X	X		X		X	X
8	X			X	X	X		X			X		X	X	X
9		X	X		X	X			X		X	X		X	X
10		X	X		X		X	X		X			X	X	X

Garantietabelle System 15

Treffer	6	5	4	3	Fälle	Prozent	Gewinn €
10	15	-	-	-	1	100.00	7.500
9	6	9	-	-	10	100.00	3.135
8	2	8	5	-	45	100.00	1.130
7	1	3	9	2	60	50.00	565
	-	6	6	3	60	50.00	105
6	1	-	6	8	15	7.14	520
	-	2	6	6	180	85.71	48
	-	-	12	-	15	7.14	24
5	-	1	2	8	90	35.71	27
	-	-	5	5	72	28.57	15
	-	-	4	8	90	35.71	16
4	-	-	3	-	15	7.14	6
	-	-	1	6	180	85.71	8
3	-	-	-	3	60	50.00	3
	-	-	-	2	60	50.00	2

System 16

10 Zahlen in 30 Sechserreihen (VEW-System)
Einsatz: ab 30 Euro

	1	2	3	4	5	6	7	8	9	10	11	12	13	14	15	16	17	18	19	20	21	22	23	24	25	26	27	28	29	30
1	X	X	X	X	X	X	X	X	X	X	X	X	X	X	X	X	X	X												
2	X	X	X	X	X	X	X	X	X	X									X	X	X	X	X	X	X	X				
3	X	X	X	X	X						X	X	X	X	X				X	X	X	X	X				X	X	X	
4	X	X	X			X	X				X	X				X	X	X	X	X				X	X	X	X	X	X	
5	X			X		X		X	X		X		X	X		X			X	X		X	X		X	X		X	X	X
6	X				X		X	X		X		X	X		X	X	X			X	X	X		X		X	X	X		X
7		X			X		X	X	X		X			X	X	X			X		X		X	X	X		X	X	X	X
8		X		X		X		X		X		X	X		X		X		X		X	X	X		X		X	X	X	X
9			X	X			X		X	X	X			X	X		X	X		X	X	X	X		X	X			X	X
10			X		X	X			X	X		X	X	X		X		X	X			X	X		X	X		X	X	X

Garantietabelle System 16

Treffer	6	5	4	3	Fälle	Prozent	Gewinn €
10	30	-	-	-	1	100.00	15.000
9	12	18	-	-	10	100.00	6.270
8	4	16	10	-	45	100.00	2.260
7	1	9	15	5	120	100.00	670
6	1	-	18	8	30	14.29	544
	-	4	12	12	180	85.71	96
5	-	1	6	16	180	71.43	43
	-	-	10	10	72	28.57	30
4	-		3	8	30	14.29	14
	-	-	2	12	180	85.71	16
3	-	-	-	5	120	100.00	5

System 17

10 Zahlen in 50 Sechserreihen (VEW-System)
Einsatz: ab 50 Euro

	1	2	3	4	5	6	7	8	9	10	11	12	13	14	15	16	17	18	19	20	21	22	23	24	25
1	X	X	X	X	X	X	X	X	X	X	X	X	X	X	X	X	X	X	X	X	X	X	X	X	X
2	X	X	X	X	X	X	X	X	X	X	X	X	X	X	X	X	X								
3	X	X	X	X	X	X	X	X										X	X	X	X	X	X	X	X
4	X	X	X	X	X					X	X	X	X					X	X	X	X				
5	X	X	X	X	X									X	X	X	X					X	X	X	X
6	X					X	X	X		X	X			X	X	X		X	X			X	X	X	
7		X				X	X	X		X		X	X	X			X	X		X	X	X			X
8			X			X			X		X		X		X		X			X	X		X		X
9				X		X			X					X			X		X			X	X	X	X
10					X			X	X	X			X	X	X	X	X		X		X			X	X

	26	27	28	29	30	31	32	33	34	35	36	37	38	39	40	41	42	43	44	45	46	47	48	49	50
1	X	X	X	X	X																				
2						X	X	X	X	X	X	X	X	X	X	X	X								
3						X	X	X	X	X	X	X	X						X	X	X	X	X		
4	X	X	X	X		X	X	X	X					X	X	X			X	X	X	X		X	
5	X	X	X	X						X	X	X	X	X	X	X	X		X	X	X	X			X
6	X	X			X	X	X			X	X	X			X	X			X	X	X		X	X	X
7	X		X		X	X		X	X	X			X	X		X		X	X		X		X	X	X
8	X			X	X	X		X	X	X	X			X	X	X	X			X	X	X	X	X	X
9		X	X	X	X		X	X			X		X	X			X	X		X	X	X	X	X	X
10		X	X	X	X		X		X			X	X		X	X	X	X		X	X	X	X		

Garantietabelle nächste Seite

Garantietabelle System 17

Treffer	6	5	4	3	Fälle	Prozent	Gewinn €
10	50	-	-	-	1	100.00	25000
9	20	30	-	-	10	100.00	10450
8	7	26	17	-	40	88.89	3924
	4	32	14	-	5	11.11	2508
7	2	15	24	9	80	66.67	1282
	1	15	27	7	40	33.33	786
6	1	4	24	16	40	19.05	624
	1	-	30	16	10	4.76	576
	-	8	18	20	40	19.05	176
	-	6	21	20	120	57.14	152
5	-	5	-	40	2	0.79	115
	-	3	8	28	20	7.94	89
	-	1	16	16	10	3.97	63
	-	1	13	22	160	63.49	63
	-	1	10	28	60	23.81	63
4	-	-	5	16	40	19.05	26
	-	-	4	20	40	19.05	28
	-	-	3	20	120	57.14	26
	-	-	3	16	10	4.76	22
3	-	-	-	9	80	66.67	9
	-	-	-	7	40	33.33	7

System 18

11 Zahlen in 11 Sechserreihen (VEW-System)
Einsatz: ab 11 Euro

	1	2	3	4	5	6	7	8	9	10	11
1	X	X	X	X	X	X					
2	X	X	X				X	X	X		
3	X	X		X			X			X	X
4	X		X		X			X		X	X
5	X			X		X		X	X	X	
6	X				X	X	X		X		X
7		X	X			X			X	X	X
8		X		X	X			X	X		X
9		X			X	X	X	X		X	
10			X	X	X		X		X	X	
11			X	X		X	X	X			X

Garantietabelle System 18

Treffer	6	5	4	3	Fälle	Prozent	Gewinn €
11	11	-	-	-	1	100.00	5500
10	5	6	-	-	11	100.00	2590
9	2	6	3	-	55	100.00	1096
8	1	3	6	1	110	66.67	558
	-	6	3	2	55	33.33	98
7	1	-	6	4	55	16.67	516
	-	3	3	5	110	33.33	56
	-	2	6	2	165	50.00	44
6	1	-	-	10	11	2.38	510
	-	1	3	5	330	71.43	26
	-	-	6	2	55	11.90	14
	-	-	5	5	66	14.29	15
5	-	1	-	5	66	14.29	20
	-	-	3	2	55	11.90	8
	-	-	2	5	330	71.43	9
	-	-	-	10	11	2.38	10
4	-	-	1	2	165	50.00	4
	-	-	-	5	110	33.33	5
	-	-	-	4	55	16.67	4
3	-	-	-	2	55	33.33	2
	-	-	-	1	110	66.67	1

System 19

11 Zahlen in 22 Sechserreihen (VEW-System)
Einsatz: ab 22 Euro

	1	2	3	4	5	6	7	8	9	10	11	12	13	14	15	16	17	18	19	20	21	22
1	X	X	X	X	X	X	X	X	X	X	X	X										
2	X	X	X	X	X	X	X						X	X	X	X	X					
3	X	X	X	X				X	X				X	X	X			X	X	X		
4	X	X			X			X	X	X			X	X		X		X			X	X
5	X				X	X		X			X	X	X		X	X		X	X		X	
6			X		X		X		X		X		X		X		X	X	X		X	X
7		X		X					X						X	X	X	X			X	X
8	X						X		X				X		X	X		X	X	X		
9				X		X	X	X		X					X	X		X	X			X
10			X	X	X	X				X	X		X					X	X	X		X
11		X	X			X	X	X		X				X	X	X					X	X

Garantietabelle System 19

Treffer	6	5	4	3	Fälle	Prozent
11	22	-	-	-	1	100.00
10	10	12	-	-	11	100.00
9	5	10	7	-	11	20.00
	4	12	6	-	33	60.00
	3	14	5	-	11	20.00
8	2	6-8	8-12	2-4	66	40.00
	1	8-10	7-11	2-4	88	53.33
	-	11	8	3	11	6.67
7	1	1-4	8-14	5-8	110	33.33
	-	7	6	7	11	3.33
	-	6	6-7	8-10	44	13.33
	-	5	8-9	7-9	66	20.00
	-	4	10-12	4-8	88	26.67
	-	3	13	5	11	3.33
6	1	-	5-7	11-15	22	4.76
	-	3	3-6	8-13	33	7.14
	-	2	5-8	6-12	165	35.71
	-	1	7-10	5-12	231	50.00
	-	-	10	8	11	2.38
5	-	1	0-4	8-15	132	28.57
	-	-	6	5-6	33	7.14
	-	-	5	7-9	66	14.29
	-	-	4	8-10	165	35.71
4	-	-	2	4-7	66	20.00
	-	-	1	5-8	198	60.00
	-	-	-	10	22	6.67
	-	-	-	9	33	10.00
	-	-	-	8	11	3.33
3	-	-	-	4	22	13.33
	-	-	-	3	66	40.00
	-	-	-	2	77	46.67

System 20

11 Zahlen in 33 Sechserreihen (VEW-System)
Einsatz: ab 33 Euro

	1	2	3	4	5	6	7	8	9	10	11	12	13	14	15	16	17	18	19	20	21	22	23	24	25	26	27	28	29	30	31	32	33
1	X	X	X	X	X	X	X	X	X	X	X	X	X	X	X	X	X	X															
2	X	X	X	X	X	X	X	X											X	X	X	X	X	X	X	X							
3	X	X	X							X	X	X	X	X					X	X	X	X	X	X				X	X	X	X		
4	X			X	X	X				X	X	X			X	X			X	X					X	X		X	X			X	X
5		X		X	X			X					X			X	X	X	X		X	X				X			X	X			X
6		X				X	X	X	X		X					X		X					X	X			X			X	X		X
7			X	X			X	X		X				X	X	X			X			X	X	X				X		X	X	X	
8	X		X					X			X	X	X	X	X				X					X				X	X	X			X
9	X			X	X	X		X			X	X				X		X					X	X		X				X	X	X	X
10		X			X		X	X		X			X		X		X	X			X				X			X		X		X	X
11			X		X			X			X	X	X		X				X		X	X	X				X					X	X

Garantietabelle System 20

Treffer	6	5	4	3	Fälle	Prozent
11	33	-	-	-	1	100.00
10	15	18	-	-	11	100.00
9	7	16	10	-	11	20.00
	6	18	9	-	33	60.00
	5	20	8	-	11	20.00
8	3	9-11	14-18	3-5	44	26.67
	2	11-13	13-17	3-5	88	53.33
	1	14	14	4	22	13.33
	-	18	9	6	11	6.67
7	2	2	18	10	11	3.33
	1	4-7	11-17	9-13	143	43.33
	-	9	11	11	11	3.33
	-	8	13	10	11	3.33
	-	7	14-15	9-11	110	33.33
	-	6	16-19	4-10	33	10.00
	-	5	21	3	11	3.33
6	1	0-1	9-13	12-17	33	7.14
	-	4	5-10	10-21	55	11.90
	-	3	8-10	13-17	88	19.05
	-	2	10-13	11-17	209	45.24
	-	1	13-15	9-14	66	14.29
	-	-	16	11	11	2.38
5	-	2	4	11	11	2.38
	-	1	2-6	11-21	176	38.10
	-	-	5-9	9-17	275	59,51
4	-	-	4	3-4	22	6.67
	-	-	2	9-11	99	30.00
	-	-	1	10-13	209	63.33
3	-	-	-	6	11	6.67
	-	-	-	5	33	20.00
	-	-	-	4	66	40.00
	-	-	-	3	55	33.33

System 21

11 Zahlen in 55 Sechserreihen (VEW-System)
Einsatz: ab 55 Euro

	1	2	3	4	5	6	7	8	9	10	11	12	13	14	15	16	17	18	19	20	21	22	23	24	25	26	27	28	29	30
1	X	X	X	X	X	X	X	X	X	X	X	X	X	X	X	X	X	X	X	X	X	X	X	X	X	X	X	X	X	X
2	X	X	X	X	X	X	X	X	X	X	X	X	X	X	X															
3	X	X	X	X	X	X										X	X	X	X	X	X	X	X	X						
4	X	X					X	X	X	X						X	X	X	X	X					X	X	X	X		
5			X	X			X	X			X	X	X			X	X				X	X			X	X	X		X	
6					X	X			X	X	X	X		X				X	X			X	X	X		X	X			X
7			X		X		X		X				X	X		X				X	X			X			X	X		X
8	X					X		X	X		X		X		X		X	X				X			X			X	X	
9		X		X			X				X	X			X	X		X			X	X			X	X			X	X
10		X	X			X			X						X	X				X			X			X	X		X	X
11	X			X	X				X				X	X	X					X	X			X	X			X		X

	31	32	33	34	35	36	37	38	39	40	41	42	43	44	45	46	47	48	49	50	51	52	53	54	55
1																									
2	X	X	X	X	X	X	X	X	X	X	X	X	X	X	X	X									
3	X	X	X	X	X	X	X	X	X							X	X	X	X	X	X				
4	X	X	X	X	X					X	X	X	X			X	X	X				X	X	X	
5	X	X				X	X	X			X	X			X			X	X			X	X		X
6			X	X			X	X			X	X	X			X	X	X		X			X	X	
7	X		X		X	X				X	X			X	X	X				X	X	X	X	X	
8	X			X			X	X	X				X	X			X			X		X	X	X	X
9			X	X	X			X			X		X	X	X		X	X			X	X	X	X	X
10		X	X					X	X		X	X	X	X		X			X			X		X	X
11		X			X			X				X			X	X			X		X	X		X	X

Garantietabelle System 21

Treffer	6	5	4	3	Fälle	Prozent	Gewinn €
11	55	-	-	-	1	100.00	27.500
10	25	30	-	-	11	100.00	12.950
9	10	30	15	-	55	100.00	5.480
8	4	18	27	6	55	33.33	2.330
	3	21	24	7	110	66.67	1.870
7	1	10	24	18	165	50.00	716
	1	9	27	15	110	33.33	704
	-	12	24	16	55	16.67	244
6	1	-	24	18	55	11.90	566
	-	5	15	25	66	14.29	130
	-	4	17	25	330	71.43	119
	-	-	30	10	11	2.38	70
5	-	1	8	25	330	71.43	56
	-	-	15	10	11	2.38	40
	-	-	12	18	55	11.90	42
	-	-	10	25	66	14.29	45
4	-	-	3	16	55	16.67	22
	-	-	3	15	110	33.33	21
	-	-	2	18	165	50.00	22
3	-	-	-	7	110	66.67	7
	-	-	-	6	55	33.33	6

System 22

11 Zahlen in 66 Sechserreihen (VEW-System)
Einsatz: ab 66 Euro

	1	2	3	4	5	6	7	8	9	10	11	12	13	14	15	16	17	18	19	20	21	22	23	24	25	26	27	28	29	30	31	32	33
1	X	X	X	X	X	X	X	X	X	X	X	X	X	X	X	X	X	X	X	X	X	X	X	X	X	X	X	X	X	X	X	X	X
2	X	X	X	X	X	X	X	X	X	X	X	X	X	X	X	X	X	X															
3	X	X	X	X	X	X	X	X											X	X	X	X	X	X	X	X	X	X					
4	X	X	X						X	X	X	X	X						X	X	X	X	X						X	X	X	X	X
5				X	X	X			X	X	X			X	X				X	X	X			X	X				X	X			
6	X			X			X		X			X		X		X	X			X		X		X			X			X	X		X
7		X		X				X		X		X			X		X			X			X		X	X			X			X	X
8		X			X		X		X				X		X			X			X		X			X		X			X		X
9			X			X			X			X	X		X		X				X	X		X			X		X		X	X	
10			X			X			X			X		X	X			X		X			X			X	X		X	X		X	
11	X					X		X				X		X	X	X		X			X		X			X		X		X		X	X

	34	35	36	37	38	39	40	41	42	43	44	45	46	47	48	49	50	51	52	53	54	55	56	57	58	59	60	61	62	63	64	65	66
1	X	X	X																														
2				X	X	X	X	X	X	X	X	X	X	X	X	X	X	X	X	X	X												
3				X	X	X	X	X	X	X	X	X	X									X	X	X	X	X	X	X	X				
4				X	X	X	X	X						X	X	X	X	X				X	X	X	X	X				X	X	X	
5	X	X	X	X	X	X			X	X				X	X				X	X	X	X	X				X	X	X	X	X	X	
6	X	X		X			X		X		X	X		X		X	X		X	X		X	X		X	X		X	X		X	X	X
7	X		X		X		X			X	X		X		X	X		X	X		X	X		X		X	X		X	X		X	X
8	X	X				X			X	X			X		X	X	X		X				X	X		X	X		X	X		X	X
9	X		X	X				X		X	X	X			X		X	X		X		X		X	X		X		X	X	X		X
10		X	X			X	X				X			X	X	X			X	X			X		X	X	X			X		X	X
11		X	X		X			X	X			X	X	X			X		X		X		X		X	X		X		X		X	X

Garantietabelle System 22

Treffer	6	5	4	3	Fälle	Prozent	Gewinn €
11	66	-	-	-	1	100.00	33000
10	30	36	-	-	11	100.00	15540
9	12	36	18	-	55	100.00	6576
8	4	24	30	8	165	100.00	2428
7	1	12	30	20	330	100.00	760
6	1	-	30	20	66	14.29	580
	-	5	20	30	396	85.71	145
5	-	1	10	30	396	85.71	65
	-	-	15	20	66	14.29	50
4	-	-	3	20	330	100.00	26
3	-	-	-	8	165	100.00	8

System 23

12 Zahlen in 10 Sechserreihen (VEW-System)
Einsatz: ab 10 Euro

	1	2	3	4	5	6	7	8	9	10
1	X	X	X	X	X					
2	X	X	X			X	X			
3	X	X	X				X	X		
4	X			X	X	X	X			
5	X			X	X		X	X		
6	X					X	X	X	X	
7		X		X		X		X		X
8		X			X		X	X		X
9		X			X	X			X	X
10			X	X			X	X		X
11			X	X		X			X	X
12			X		X		X		X	X

Garantietabelle System 23

Treffer	6	5	4	3	Fälle	Prozent
12	10	-	-	-	1	100.00
11	5	5	-	-	12	100.00
10	3	4	3	-	24	36.36
	2	6	2	-	36	54.55
	1	8	1	-	6	9.09
9	3	-	6	1	4	1.82
	2	1-3	3-7	0-2	20	9.09
	1	4-6	0-4	1-3	148	67.27
	-	7	1	2	12	5.45
	-	5	5	-	36	16.36
8	1	0-2	3-8	0-4	150	30.30
	-	4	2-3	2-4	72	14.55
	-	3	4-5	1-3	192	38.79
	-	2	6	2	72	14.55
	-	-	10	-	9	1.82
7	1	-	3-4	4-5	60	7.58
	-	3	-	6	12	1.52
	-	2	1-3	3-7	252	31.82
	-	1	4-6	0-4	360	45.45
	-	-	7	1	36	4.55
	-	-	5	5	72	9.09

Treffer	6	5	4	3	Fälle	Prozent
6	1	-	-	6-8	10	1.08
	-	1	1-2	3-6	360	38.96
	-	-	5	-	48	5.19
	-	-	4	3	96	10.39
	-	-	3	4-6	248	26.84
	-	-	2	6	144	15.58
	-	-	1	8	18	1.95
5	-	1	-	3-4	60	7.58
	-	-	3	-	12	1.52
	-	-	2	1-3	252	31.82
	-	-	1	4-6	360	45.45
	-	-	-	7	36	4.55
	-	-	-	5	72	9.09
4	-	-	1	0-2	150	30.30
	-	-	-	4	72	14.55
	-	-	-	3	192	38.79
	-	-	-	2	72	14.55
	-	-	-	-	9	1.82
3	-	-	-	3	4	1.82
	-	-	-	2	20	9.09
	-	-	-	1	148	67.27
	-	-	-	-	48	21.82

System 24

12 Zahlen in 18 Sechserreihen (VEW-System)
Einsatz: ab 18 Euro

	1	2	3	4	5	6	7	8	9	10	11	12	13	14	15	16	17	18
1	X	X	X	X	X	X	X	X	X									
2	X	X	X							X	X	X	X	X	X			
3				X	X	X				X	X	X				X	X	X
4	X	X		X	X		X			X	X		X			X		
5	X		X	X		X		X		X		X		X			X	
6		X	X		X	X			X		X	X			X			X
7	X					X	X		X		X			X	X	X	X	
8		X		X				X	X			X	X	X		X		X
9			X		X		X	X		X			X		X		X	X
10	X				X			X	X			X	X		X	X	X	
11		X				X	X	X			X			X	X	X		X
12			X	X			X		X			X		X	X		X	X

Garantietabelle System 24

Treffer	6	5	4	3	Fälle	Prozent
12	18	-	-	-	1	100.00
11	9	9	-	-	12	100.00
10	5	8	5	-	18	27.27
	4	10	4	-	36	54.55
	3	12	3	-	12	18.18
9	2	7	7	2	144	65.45
	1	8	8	1	72	32.73
	-	9	9	-	4	1.82
8	1	2-4	8-12	2-4	270	54.55
	-	8	2	8	9	1.82
	-	7	4	7	72	14.55
	-	6	6	6	84	16.97
	-	4	10	4	36	7.27
	-	3	12	3	24	4.85
7	1	-	8	8	108	13.64
	-	3	6	6	336	42.42
	-	2	7	7	288	36.36
	-	1	8	8	36	4.55
	-	-	9	9	24	3.03

Treffer	6	5	4	3	Fälle	Prozent
6	1	-	-	16	18	1.95
	-	1	3-5	6-10	648	70.13
	-	-	9	-	2	0.22
	-	-	8	2	36	3.90
	-	-	7	4	72	7.79
	-	-	5	8	72	7.79
	-	-	4	10	72	7.79
	-	-	-	18	4	0.43
					924	100.00
5	-	1	-	8	108	13.64
	-	-	3	6	336	42.42
	-	-	2	7	288	36.36
	-	-	1	8	36	4.55
	-	-	-	9	24	3.03
4	-	-	1	2-4	270	54.55
	-	-	-	8	9	1.82
	-	-	-	7	72	14.55
	-	-	-	6	84	16.97
	-	-	-	4	36	7.27
	-	-	-	3	24	4.85
3	-	-	-	2	144	65.45
	-	-	-	1	72	32.73
	-	-	-	-	4	1.82

System 25

12 Zahlen in 42 Sechserreihen (VEW-System)
Einsatz: ab 42 Euro

	1	2	3	4	5	6	7	8	9	10	11	12	13	14	15	16	17	18	19	20	21
1	X	X	X	X	X	X	X	X	X	X	X	X	X	X	X	X	X	X	X	X	X
2	X	X	X	X	X	X	X	X	X												
3	X	X	X							X	X	X	X	X	X						
4	X			X	X					X	X					X	X	X	X		
5	X					X	X					X	X			X	X			X	X
6	X							X	X					X	X			X	X	X	X
7		X		X		X		X		X		X		X		X		X		X	
8		X		X			X		X	X			X		X		X		X	X	
9		X			X	X			X		X	X			X		X	X			X
10			X	X		X			X		X		X	X		X			X		X
11			X		X		X	X		X		X			X	X			X		X
12			X		X		X	X			X		X	X			X	X		X	

	22	23	24	25	26	27	28	29	30	31	32	33	34	35	36	37	38	39	40	41	42
1																					
2	X	X	X	X	X	X	X	X	X	X	X	X									
3	X	X	X	X	X	X							X	X	X	X	X	X			
4	X	X					X	X	X	X			X	X	X	X			X	X	
5			X	X			X	X			X	X	X	X			X	X	X	X	
6					X	X			X	X	X	X			X	X	X	X	X	X	
7	X		X		X		X		X		X		X		X		X		X		X
8	X			X		X		X		X	X			X		X	X		X		X
9		X	X			X		X	X			X		X	X			X	X		X
10		X		X	X		X			X		X		X	X		X			X	X
11		X		X	X			X	X		X		X			X		X		X	X
12	X		X			X	X			X		X	X			X		X		X	X

Garantietabelle nächste Seite

Garantietabelle System 25

Treffer	6	5	4	3	Fälle	Prozent
12	42	-	-	-	1	100.00
11	21	21	-	-	12	100.00
10	10	22	10	-	36	54.55
	9	24	9	-	30	45.45
9	4	17	17	4	180	81.82
	3	18	18	3	40	18.18
8	4	-	34	-	15	3.03
	2	8	22	8	90	18.18
	1	8-12	16-24	8-12	390	78.79
7	1	0-3	17-20	17-20	252	31.82
	-	6	15	15	360	45.45
	-	5	16	16	180	22.73
6	1	-	0-9	22-40	42	4.55
	-	4	1	32	30	3.25
	-	2	9-10	18-20	540	58.44
	-	1	10-13	14-20	312	33.77
5	-	1	0-3	17-20	252	31.82
	-	-	6	15	360	45.45
	-	-	5	16	180	22.73
4	-	-	4	-	15	3.03
	-	-	2	8	90	18.18
	-	-	1	8-12	390	78.79
3	-	-	-	4	180	81.82
	-	-	-	3	40	18.18

System 26

12 Zahlen in 132 Sechserreihen (VEW-System)
Einsatz: ab 132 Euro

	1	2	3	4	5	6	7	8	9	10	11	12	13	14	15	16	17	18	19	20	21	22	23	24	25	26	27	28	29	30	31	32	33
1	X	X	X	X	X	X	X	X	X	X	X	X	X	X	X	X	X	X	X	X	X	X	X	X	X	X	X	X	X	X	X	X	X
2	X	X	X	X	X	X	X	X	X	X	X	X	X	X	X	X	X	X	X	X	X	X	X	X	X	X	X	X	X	X			
3	X	X	X	X	X	X	X	X	X	X	X																				X	X	X
4	X	X	X	X									X	X	X	X	X	X	X	X											X	X	X
5	X				X	X	X						X	X	X						X	X	X	X	X						X	X	X
6	X						X	X	X							X	X	X			X	X	X			X	X						
7		X			X				X		X			X			X			X		X			X		X		X				
8			X			X			X			X			X			X			X			X		X	X		X		X		
9			X			X			X	X			X		X			X		X		X			X		X		X	X			
10		X				X		X			X			X			X	X				X			X	X	X			X			
11			X		X				X			X			X			X	X			X		X	X			X	X				X
12				X		X		X				X			X		X			X				X	X			X	X		X		X

Fortsetzung System 26

	34	35	36	37	38	39	40	41	42	43	44	45	46	47	48	49	50	51	52	53	54	55	56	57	58	59	60	61	62	63	64	65	66
1	X	X	X	X	X	X	X	X	X	X	X	X	X	X	X	X	X	X	X	X	X	X	X	X	X	X	X	X	X	X	X	X	X
2																																	
3	X	X	X	X	X	X	X	X	X	X	X	X	X	X	X																		
4	X	X	X	X	X											X	X	X	X	X	X	X	X	X	X								
5					X	X	X	X	X							X	X	X	X	X						X	X	X	X	X			
6	X	X	X			X	X	X			X	X				X	X	X				X	X				X	X				X	X
7	X			X		X			X			X		X	X			X			X		X	X			X		X	X		X	X
8		X		X			X				X		X	X		X		X			X	X		X			X		X	X	X		X
9		X			X			X			X	X			X	X			X			X		X	X	X			X		X		X
10		X		X			X	X			X		X			X	X		X				X	X		X	X				X		X
11	X				X			X				X			X	X	X			X			X		X	X		X	X		X	X	
12			X	X			X			X				X			X	X	X				X			X		X	X		X		X

	67	68	69	70	71	72	73	74	75	76	77	78	79	80	81	82	83	84	85	86	87	88	89	90	91	92	93	94	95	96	97	98	99
1																																	
2	X	X	X	X	X	X	X	X	X	X	X	X	X	X	X	X	X	X	X	X	X	X	X	X	X	X	X	X	X	X	X	X	X
3	X	X	X	X	X	X	X	X	X	X	X	X	X	X	X	X	X	X															
4	X	X	X	X	X	X	X	X											X	X	X	X	X	X	X	X	X						
5	X	X	X						X	X	X	X	X						X	X	X	X	X						X	X	X	X	X
6				X	X	X			X	X	X		X	X					X	X	X			X	X				X	X			
7	X			X			X		X			X		X		X	X		X			X		X		X	X		X		X	X	
8		X		X				X		X		X			X	X			X		X			X	X		X			X		X	X
9		X			X			X		X			X			X			X			X	X		X	X			X		X		X
10			X		X			X			X	X		X			X		X			X			X			X		X	X		X
11			X			X	X				X			X	X		X		X		X			X	X				X		X	X	X
12	X					X		X			X		X			X	X	X	X			X	X			X			X	X		X	X

	100	101	102	103	104	105	106	107	108	109	110	111	112	113	114	115	116	117	118	119	120	121	122	123	124	125	126	127	128	129	130	131	132
1																																	
2	X	X	X																														
3				X	X	X	X	X	X	X	X	X	X	X	X	X	X	X	X	X	X												
4				X	X	X	X	X	X	X	X											X	X	X	X	X	X	X					
5				X	X	X	X	X					X	X	X	X	X					X	X	X	X	X					X	X	X
6	X	X	X	X	X	X			X	X				X	X			X	X	X	X					X	X	X	X	X	X		
7	X	X		X			X		X		X	X		X		X	X		X	X		X		X	X		X	X		X	X		X
8	X		X		X		X		X	X		X		X	X		X	X	X		X		X		X	X		X	X		X	X	
9	X	X				X		X	X		X		X		X	X	X		X		X	X			X	X		X	X		X	X	X
10	X		X	X			X		X	X	X			X		X	X			X	X		X	X		X		X	X	X	X		X
11		X	X			X	X			X		X	X	X			X	X	X		X		X		X	X	X		X			X	X
12		X	X		X			X	X			X	X	X		X			X		X	X	X		X		X			X			X

Garantietabelle System 26

Treffer	6	5	4	3	Fälle	Prozent	Gewinn €
12	132	-	-	-	1	100.00	66.000
11	66	66	-	-	12	100.00	33.990
10	30	72	30	-	66	100.00	16.140
9	12	54	54	12	220	100.00	6.930
8	4	32	60	32	495	100.00	2.632
7	1	15	50	50	792	100.00	875
6	1	-	45	40	132	14.29	630
	-	6	30	60	792	85.71	210
5	-	1	15	50	792	100.00	95
4	-	-	4	32	495	100.00	40
3	-	-	-	12	220	100.00	12

System 27

16 Zahlen in 16 Sechserreihen (VEW-System)
Einsatz: ab 16 Euro

	1	2	3	4	5	6	7	8	9	10	11	12	13	14	15	16
1	X	X	X	X	X	X										
2	X	X					X	X	X	X						
3	X		X				X				X	X	X			
4	X					X		X			X				X	X
5	X			X					X			X		X	X	
6	X				X					X			X	X		X
7		X	X				X							X	X	X
8				X	X		X	X			X			X		
9			X			X			X	X	X			X		
10		X				X		X			X	X	X			
11		X		X					X		X		X			X
12			X	X				X		X		X				X
13					X	X	X		X			X				X
14		X			X				X	X	X			X		
15			X		X			X	X				X		X	
16				X		X	X			X			X		X	

Garantietabelle System 27

Treffer	6	5	4	3	Fälle	Prozent	Gewinn €
16	16	-	-	-	1	100.00	8.000
15	10	6	-	-	16	100.00	5.090
14	6	8	2	-	120	100.00	3.124
13	4	6	6	-	240	42.86	2.102
	3	9	3	1	320	57.14	1.642
12	4	-	12	-	60	3.30	2.024
	2	6	6	2	1440	79.12	1.104
	1	8	6	-	240	13.19	632
	-	12	-	4	80	4.40	184
11	2	2	8	4	720	16.48	1.050
	1	5	5	5	1152	26.37	590
	1	4	8	2	1440	32.97	578
	-	7	5	3	960	21.98	118
	-	5	10	-	96	2.20	95
10	2	-	6	8	120	1.50	1.020
	1	2	6	6	2880	35.96	548
	1	-	12	-	240	3.00	524
	-	6	-	10	192	2.40	100
	-	4	6	4	3600	44.96	76
	-	3	8	4	960	11.99	65
	-	-	15	-	16	0.20	30
9	1	1	3	9	960	8.39	530
	1	-	6	6	960	8.39	518
	-	3	3	7	1920	16.78	58
	-	2	6	4	3120	27.27	46
	-	2	5	7	2880	25.17	47
	-	1	8	4	1440	12.59	35
	-	-	9	6	160	1.40	24
8	1	-	2	8	720	5.59	512
	-	2	2	6	1440	11.19	40
	-	2	-	12	480	3.73	42
	-	1	4	6	7680	59.67	29
	-	-	8	-	390	3.03	16
	-	-	6	6	1440	11.19	18
	-	-	5	8	720	5.59	18
7	1	-	-	6	160	1.40	506
	-	1	2	4	1440	12.59	23
	-	1	1	7	2880	25.17	24
	-	-	4	4	3120	27.27	12
	-	-	3	7	1920	16.78	13
	-	-	3	6	960	8.39	12
	-	-	2	9	960	8.39	13
6	1	-	-	-	16	0.20	500
	-	1	-	4	960	11.99	19
	-	-	3	-	240	3.00	6
	-	-	2	4	3600	44.96	8
	-	-	1	6	2880	35.96	8
	-	-	-	10	192	2.40	10
	-	-	-	8	120	1.50	8
5	-	1	-	-	96	2.20	15
	-	-	1	3	960	21.98	5
	-	-	1	2	1440	32.97	4
	-	-	-	5	1152	26.37	5
	-	-	-	4	720	16.48	4
4	-	-	1	-	240	13.19	2
	-	-	-	4	80	4.40	4
	-	-	-	2	1440	79.12	2
	-	-	-	-	60	3.30	0
3	-	-	-	1	320	57.14	1
	-	-	-	-	240	42.86	0

System 28

16 Zahlen in 112 Sechserreihen (VEW-System)
Einsatz: ab 112 Euro

```
 1  1  1  1  1      1  1  1  1  1      1  1  1  1  1      1  1  1  1  1
 2  2  2  2  2      2  2  2  2  2      2  2  2  2  3      3  3  3  3  3
 3  3  3  3  4      4  4  5  5  5      6  6  6 13  4      4  4  5  5  5
 4  7  8 10  7      9 10  7  8  9      7  8 11 14  7      8 12  8  9 10
 5  9 11 12  8     12 11 11 12 10     10  9 12 15 15      9 13 14 11 13
 6 13 16 15 14     16 13 15 13 14     16 15 14 16 16     10 14 15 12 16

 1  1  1  1  1      1  1  1  1  1      1  1  1  1  1      1  1  1  1  1
 3  3  3  3  4      4  4  4  4  4      4  5  5  5  5      6  7  7  7  8
 6  6  6  7  5      5  5  6  6  6      8  6  6  6  7      9  8  9 11  9
 7  9 11 10  7      9 11  7  8 10     11  7  8 12  8     10 10 12 12 11
 8 14 13 11 10     13 14  9 13 14     12 13 10 15  9     12 13 14 13 13
12 16 15 14 12     15 16 11 16 15     15 14 11 16 16     13 15 15 16 14

 1  1  2  2  2      2  2  2  2  2      2  2  2  2  2      2  2  2  2  2
 8  9  3  3  3      3  3  3  3  3      3  3  4  4  4      4  4  4  5  5
10 10  4  4  4      5  5  5  6  6      6  8  5  5  5      6  6  6  6  6
12 11  7  8 10      7  9 11  7  9     12  9  7  8 12      8  9 11  7  8
14 15 11 13 14      8 15 13 14 10     13 12 13  9 14     10 13 15  9 14
16 16 12 15 16     10 16 14 15 11     16 14 16 11 15     12 14 16 12 16

 2  2  2  2  2      2  2  2  2  2      3  3  3  3  3      3  3  3  3  3
 5  5  6  4  7      7  7  8  8  9      4  4  4  4  4      4  4  5  5  5
 6 10  7  7  8      9 10  9 10 11      5  5  5  6  6      6  9  6  6  6
10 11  8  9 12     11 12 10 11 12      7  8 10  7  8      9 11  7  8 10
13 12 11 10 15     14 13 13 14 13      9 12 11 10 11     12 13 11  9 12
15 16 13 15 16     16 14 16 15 15     14 16 15 13 14     15 16 16 13 14

 3  3  3  3  3      3  3  3  4  4      4  4  4  4  4      4  4  4  4  5
 5  6  7  7  7      8  9 11  5  5      5  5  6  7  7      7  8  9 10  6
 7  8  8  8  9     10 10 12  6  6      6  8  7  8  8     11  9 10 12  9
12 10  9 13 10     11 13 14  7  9     11 10 12  9 10     13 14 11 13 11
13 15 11 14 12     12 14 15  8 10     12 13 14 12 11     14 15 12 15 14
15 16 15 16 16     13 15 16 15 16     13 14 16 13 16     15 16 14 16 15

 5  5  5  5  5      5  6  6  6  6      6  6
 7  7  7  8  8      9  7  7  7  8      8 10
 8  9 10  9 11     12  8  9 10  9     12 11
11 10 14 10 13     13  9 13 11 11     13 13
12 11 15 12 15     14 10 15 12 12     14 14
14 13 16 15 16     16 14 16 15 16     15 16
```

Garantietabelle System 28

Treffer	6	5	4	3	Fälle	Prozent	Gewinn €
16	112	-	-	-	1	100.00	56.000
15	70	42	-	-	16	100.00	35.630
14	42	56	14	-	120	100.00	21.868
13	24	54	30	4	560	100.00	12.874
12	13	44	42	12	1680	92.31	7.256
	12	48	36	16	140	7.69	6.808
11	7	30	50	20	2016	46.15	4.070
	6	35	40	30	672	15.38	3.635
	6	34	44	24	1680	38.46	3.622
10	5	12	60	20	336	4.20	2.820
	3	21	44	34	6720	83.92	1.937
	2	24	42	32	840	10.49	1.476
	-	36	15	60	112	1.40	630
9	2	9	42	38	3360	29.37	1.257
	1	13	36	42	6720	58.74	809
	-	18	27	48	1120	9.79	372
	-	14	42	28	240	2.10	322
8	1	4	30	44	5040	39.16	664
	-	8	25	44	5040	39.16	214
	-	8	24	48	840	6.53	216
	-	7	28	42	1920	14.92	203
	-	-	56	-	30	0.23	112
7	1	-	18	48	1120	9.79	584
	-	3	18	38	3360	29.37	119
	-	3	17	42	6720	58.74	121
	-	-	28	28	240	2.10	84
6	1	-	-	60	112	1.40	560
	-	1	9	34	6720	83.92	67
	-	-	15	20	336	4.20	50
	-	-	12	32	840	10.49	56
5	-	1	-	30	672	15.38	45
	-	-	5	20	2016	46.15	30
	-	-	4	24	1680	38.46	32
4	-	-	1	12	1680	92.31	14
	-	-	-	16	140	7.69	16

System 29

18 Zahlen in 42 Sechserreihen (VEW-System)
Einsatz: ab 42 Euro

	1	2	3	4	5	6	7	8	9	10	11	12	13	14	15	16	17	18	19	20	21
1	X	X	X	X	X	X	X	X	X	X	X	X	X	X							
2	X	X	X	X	X										X	X	X	X	X	X	X
3	X	X	X	X	X																
4	X					X	X	X							X	X	X				
5	X								X	X	X							X	X	X	
6	X											X	X	X							X
7		X				X			X			X			X			X			X
8		X					X			X			X			X			X		
9		X						X			X			X			X			X	
10			X			X					X			X			X			X	
11			X				X		X				X		X				X		X
12			X					X		X				X	X						X
13				X		X					X	X				X		X			
14				X			X		X				X			X		X			
15				X				X		X				X			X		X		X
16					X	X				X		X			X					X	
17					X		X		X				X			X			X	X	
18					X			X			X	X					X	X			

	22	23	24	25	26	27	28	29	30	31	32	33	34	35	36	37	38	39	40	41	42
1																					
2	X	X																			
3			X	X	X	X	X	X	X	X	X										
4			X	X	X							X	X	X	X						
5						X	X	X				X	X	X	X						
6	X	X							X	X	X	X	X	X	X						
7			X			X			X			X				X	X	X			
8	X			X			X			X		X				X	X	X			
9		X			X			X			X	X				X	X	X			
10				X		X				X			X			X			X	X	
11	X				X		X		X				X			X			X	X	
12		X	X				X		X				X			X			X	X	
13		X			X		X		X					X			X		X		X
14			X				X		X					X			X		X		X
15	X			X		X					X			X			X		X		X
16					X	X				X					X			X		X	X
17		X		X			X	X							X			X		X	X
18	X		X				X				X				X			X		X	X

Garantietabelle System 29

Treffer	6	5	4	3	Fälle	Prozent
18	42	-	-	-	1	100.00
17	28	14	-	-	18	100.00
16	19	18	5	-	18	11.76
	18	20	4	-	135	88.24
15	12	18-19	10-12	0-1	324	39.71
	11	21	9	1	459	56.25
	10	27	-	5	6	0.74
	9	27	3	3	27	3.31
14	9	12	19-20	0-2	216	7.06
	7	16-18	13-18	0-4	2025	66.18
	6	20-22	9-12	4-5	576	18.82
	5	22	12	2	243	7.94
13	6	9	21-22	4-5	252	2.94
	5	10-12	17-22	4-8	2268	26.47
	4	11-15	14-24	2-9	2511	29.31
	3	15-18	11-19	3-10	3294	38.45
	2	17-18	16-18	4	243	2.84
12	6	-	27	6-8	42	0.23
	4	3-6	19-27	5-12	594	3.20
	3	5-10	14-26	6-14	5751	30.98
	2	6-12	13-27	4-14	6912	37.23
	1	10-15	12-23	2-12	5103	27.49
	-	16	13	10	162	0.87
11	3	2-3	18-19	13-15	1125	3.54
	2	3-7	11-21	11-19	6318	19.85
	1	4-10	9-22	9-19	17253	54.21
	-	11	11	15	324	1.02
	-	10	13-15	10-15	3888	12.22
	-	9	15-18	7-15	1863	5.85
	-	8	18-20	7-11	891	2.80
	-	7	20	11	162	0.51
10	3	-	12	24	180	0.41
	2	0-2	11-20	8-22	1296	2.96
	1	1-5	9-19	9-21	17658	40.35
	-	8	7	18	243	0.56
	-	7	9-10	15-18	3402	7.77
	-	6	11-13	12-18	8181	18.70
	-	5	12-16	10-19	8748	19.99
	-	4	14-19	6-19	3321	7.59
	-	3	18-20	9-14	486	1.11
	-	2	22-23	6-8	243	0.56
9	3	-	-	36	20	0.04
	2	-	7	22	81	0.17
	1	0-3	3-15	11-25	9018	18.55
	-	6	3	18	27	0.06
	-	5	6	16	162	0.33
	-	4	6-10	10-21	9963	20.49
	-	3	7-12	10-23	16686	34.32
	-	2	9-14	10-22	9234	18.99
	-	1	13-16	10-17	3240	6.66
	-	-	18	10	162	0.33
	-	-	15	18	27	0.06

Treffer	6	5	4	3	Fälle	Prozent
8	1	0-2	0-9	8-24	2772	6.33
	-	3	2-4	14-19	1134	2.59
	-	2	3-9	6-22	17334	39.61
	-	1	5-10	9-21	16524	37.76
	-	-	13	6	162	0.37
	-	-	12	8-9	648	1.48
	-	-	11	12	648	1.48
	-	-	10	14-15	2916	6.66
	-	-	9	16-18	1377	3.15
	-	-	8	18-19	243	0.56
7	1	-	1-2	12-15	504	1.58
	-	2	1-2	11-15	1269	3.99
	-	1	2-6	7-19	14094	44.29
	-	-	8	7	648	2.04
	-	-	7	9-10	1944	6.11
	-	-	6	10-12	4050	12.73
	-	-	5	13-15	6561	20.62
	-	-	4	14-17	2430	7.64
	-	-	3	19	324	1.02
6	1	-	-	6-8	42	0.23
	-	1	0-2	5-12	3024	16.29
	-	-	6	2	81	0.44
	-	-	4	4-8	1701	9.16
	-	-	3	5-11	6021	32.43
	-	-	2	9-12	5994	32.29
	-	-	1	12-14	1701	9.16
5	-	1	-	2-4	252	2.94
	-	-	2	3-6	1269	14.81
	-	-	1	4-8	5022	58.61
	-	-	-	10	648	7.56
	-	-	-	9	486	5.67
	-	-	-	8	891	10.40
4	-	-	1	0-4	630	20.59
	-	-	-	5	162	5.29
	-	-	-	4	1701	55.59
	-	-	-	3	486	15.88
	-	-	-	2	81	2.65
3	-	-	-	5	6	0.74
	-	-	-	3	27	3.31
	-	-	-	1	729	89.34
	-	-	-	-	54	6.62

System 30

20 Zahlen in 40 Sechserreihen (VEW-System)
Einsatz: ab 40 Euro

	1	2	3	4	5	6	7	8	9	10	11	12	13	14	15	16	17	18	19	20
1	X	X	X	X	X	X	X	X	X	X	X	X								
2	X	X	X	X									X	X	X	X	X	X	X	X
3	X				X				X				X				X			
4	X					X				X				X				X		
5	X						X				X					X			X	
6	X							X				X			X					X
7					X	X	X	X					X	X	X	X				
8									X	X	X	X					X	X	X	X
9		X			X					X				X			X			
10		X				X			X				X					X		
11			X			X					X				X		X			
12			X		X							X				X	X			
13			X		X							X				X		X		
14				X	X						X				X			X		
15		X					X					X			X				X	
16		X					X		X							X				X
17				X			X	X					X						X	
18			X				X	X						X					X	
19				X			X	X						X						X
20				X			X		X				X							X

	21	22	23	24	25	26	27	28	29	30	31	32	33	34	35	36	37	38	39	40
1																				
2																				
3	X			X	X	X	X	X	X											
4	X					X	X			X	X			X	X					
5		X			X					X	X					X		X		X
6		X		X					X			X			X			X		X
7	X	X	X	X																
8	X	X	X	X																
9		X		X	X					X	X	X	X							
10		X						X	X			X	X	X	X					
11			X				X		X		X		X				X	X		
12				X				X		X		X		X			X	X		
13			X				X	X		X			X						X	X
14				X			X		X		X	X							X	X
15	X				X				X	X				X		X		X		
16	X						X		X			X				X	X	X		
17			X			X		X					X		X		X	X		
18				X	X			X					X			X	X			X
19			X			X	X							X	X		X			X
20				X	X		X							X		X		X	X	

Garantietabelle System 30

Treffer	6	5	4	3	Fälle	Prozent
20	40	-	-	-	1	100.00
19	28	12	-	-	20	100.00
18	20	16	4	-	30	15.79
	19	18	3	-	160	84.21
17	16	12	12	-	20	1.75
	13	18-19	7-9	0-1	800	70.18
	12	21	6	1	320	28.07
16	16	-	24	-	5	0.10
	10	12-15	12-18	0-3	480	9.91
	9	16	13-14	0-2	600	12.38
	8	18-20	8-13	0-4	3600	74.30
	6	24	6	4	160	3.30
15	10	0-6	18-30	0-6	112	0.72
	7	10	20	2	240	1.55
	6	11-15	12-22	0-7	5040	32.51
	5	15-16	13-16	3-6	6720	43.34
	4	18-20	8-13	4-8	3360	21.67
	-	30	-	10	32	0.21
14	7	-	30	-	40	0.10
	6	0-8	15-33	0-10	1120	2.89
	4	8-12	15-22	3-10	8960	23.12
	3	11-15	9-19	4-13	21280	54.90
	2	14-16	10-17	4-12	6720	17.34
	-	24	-	16	160	0.41
	-	20	10	8	480	1.24
13	4	0-6	15-30	0-14	3600	4.64
	3	3-9	12-24	9-13	3840	4.95
	2	7-10	12-21	5-14	47040	60.68
	1	10-12	13-17	7-11	17280	22.29
	-	18	-	22	160	0.21
	-	16	8	12	960	1.24
	-	15	9	13	1280	1.65
	-	14	12	10	480	0.62
	-	13	14	9	1920	2.48
	-	12	16	9	960	1.24
12	4	-	15-24	0-18	450	0.36
	2	0-6	12-28	0-17	27120	21.53
	1	4-8	9-19	6-19	64080	50.87
	-	12	6-8	12-16	400	0.32
	-	11	7	17	1920	1.52
	-	10	11-12	11-12	5760	4.57
	-	9	12-13	11-14	10240	8.13
	-	8	14-16	8-13	12000	9.53
	-	7	16-17	10-13	3840	3.05
	-	6	18	12	160	0.13
11	2	0-2	10-16	8-19	6600	3.93
	1	0-5	8-24	0-22	66880	39.82
	-	9	-	28	320	0.19
	-	7	8-11	11-16	8640	5.14
	-	6	9-12	11-19	23040	13.72
	-	5	10-16	6-20	42720	25.43
	-	4	14-16	8-15	18240	10.86
	-	3	15-18	9-16	1280	0.76
	-	2	20	8	240	0.14
10	2	-	8-10	16-18	660	0.36
	1	0-2	6-18	0-22	38720	20.96
	-	6	0-3	19-28	960	0.52
	-	5	0-4	20-30	2304	1.25
	-	4	5-12	8-22	33240	17.99
	-	3	8-12	8-20	65280	35.33
	-	2	9-13	10-20	38400	20.78
	-	1	13-16	8-15	4800	2.60
	-	-	21	-	80	0.04
	-	-	20	-	192	0.10
	-	-	14	16	120	0.06

Treffer	6	5	4	3	Fälle	Prozent
9	1	0-1	4-9	9-19	14560	8.67
	-	3	0-6	13-28	14400	8.57
	-	2	3-10	8-22	63720	37.94
	-	1	6-12	6-19	64320	38.29
	-	-	15	-	320	0.19
	-	-	13	8	480	0.29
	-	-	12	8-9	2240	1.33
	-	-	11	12	2880	1.71
	-	-	10	12-15	4080	2.43
	-	-	8	18	960	0.57
8	1	-	1-3	12-16	3640	2.89
	-	2	1-3	11-18	10560	8.38
	-	1	2-6	9-19	66240	52.58
	-	-	12	-	10	0.01
	-	-	10	-	240	0.19
	-	-	9	6-8	1200	0.95
	-	-	8	7-12	3600	2.86
	-	-	7	10-12	14400	11.43
	-	-	6	12-16	15840	12.57
	-	-	5	14-17	8160	6.48
	-	-	4	17	1920	1.52
	-	-	3	18	160	0.13
7	1	-	-	9-10	560	0.72
	-	1	0-2	8-13	21840	28.17
	-	-	6	0-6	240	0.31
	-	-	5	5-8	5760	7.43
	-	-	4	8-12	19680	25.39
	-	-	3	9-13	20160	26.01
	-	-	2	12-14	8160	10.53
	-	-	1	14	960	1.24
	-	-	-	22	160	0.21
6	1	-	-	-	40	0.10
	-	1	-	6-7	3360	8.67
	-	-	3	0-6	1800	4.64
	-	-	2	4-8	18360	47.37
	-	-	1	8-10	12480	32.20
	-	-	-	16	160	0.41
	-	-	-	13	640	1.65
	-	-	-	12	480	1.24
	-	-	-	10	960	2.48
	-	-	-	8	480	1.24
5	-	1	-	-	240	1.55
	-	-	1	2-5	8400	54.18
	-	-	-	10	32	0.21
	-	-	-	8	960	6.19
	-	-	-	7	960	6.19
	-	-	-	6	2480	16.00
	-	-	-	5	1920	12.38
	-	-	-	4	480	3.10
	-	-	-	-	32	0.21
4	-	-	1	-	600	12.38
	-	-	-	4	400	8.26
	-	-	-	3	2240	46.23
	-	-	-	2	1440	29.72
	-	-	-	-	165	3.41
3	-	-	-	1	800	70.18
	-	-	-	-	340	29.82

System 31

21 Zahlen in 7 Sechserreihen (VEW-System)
Einsatz: ab 7 Euro

	1	2	3	4	5	6	7
1	X	X					
2	X		X				
3		X	X				
4	X			X			
5		X		X			
6			X	X			
7	X				X		
8		X			X		
9			X		X		
10				X	X		
11	X					X	
12		X				X	
13			X			X	
14				X		X	
15					X	X	
16	X						X
17		X					X
18			X				X
19				X			X
20					X		X
21						X	X

Garantietabelle System 31

Treffer	6	5	4	3	Fälle	Prozent
20	5	2	-	-	21	100.00
19	4	2	1	-	105	50.00
	3	4	-	-	105	50.00
18	4	-	3	-	35	2.63
	3	2-3	0-2	0-1	560	42.11
	2	4	1	-	630	47.37
	1	6	-	-	105	7.89
17	3	0-1	2-4	0-1	525	8.77
	2	2-4	0-3	0-1	2835	47.37
	1	4-5	0-2	0-1	2310	38.60
	-	6	1	-	315	5.26
16	3	-	2	2	210	1.03
	2	0-2	1-5	0-2	4662	22.91
	1	2-5	0-4	0-2	11067	54.39
	-	6	-	-	105	0.52
	-	5	1	1	1680	8.26
	-	4	3	-	2625	12.90
15	3	-	-	4	35	0.06
	2	0-1	1-4	0-3	4305	7.93
	1	0-3	0-6	0-3	26320	48.50
	-	6	-	-	7	0.01
	-	5	0-1	0-1	630	1.16
	-	4	1-2	0-2	7140	13.16
	-	3	3	1	12320	22.70
	-	2	5	-	3507	6.46
14	2	0-1	0-3	0-4	2520	2.17
	1	0-2	0-5	0-4	40005	34.40
	-	4	0-2	0-2	2835	2.44
	-	3	1-3	0-3	24780	21.31
	-	2	3-4	0-2	35175	30.25
	-	1	5	1	10500	9.03
	-	-	7	-	465	0.40
13	2	-	0-1	2-4	945	0.46
	1	0-2	0-4	0-5	43155	21.21
	-	3	0-2	0-3	13860	6.81
	-	2	1-4	0-4	69510	34.16
	-	1	3-5	0-3	64470	31.68
	-	-	6	-	1890	0.93
	-	-	5	2	9660	4.75
12	2	-	-	2	210	0.07
	1	0-1	0-4	0-6	34615	11.78
	-	3	-	1-3	2240	0.76
	-	2	0-3	0-4	57225	19.47
	-	1	1-4	0-5	139650	47.51
	-	-	6	-	105	0.04
	-	-	5	0-1	7770	2.64
	-	-	4	2	32760	11.15
	-	-	3	4	19355	6.58

Fortsetzung Garantietabelle System 31

Treffer	6	5	4	3	Fälle	Prozent
11	2	-	-	-	21	0.01
	1	0-1	0-2	0-5	20979	5.95
	-	2	0-1	0-4	23835	6.76
	-	1	0-4	0-5	160440	45.49
	-	-	5	-	861	0.24
	-	-	4	0-2	21000	5.95
	-	-	3	2-3	71610	20.30
	-	-	2	4	48300	13.69
	-	-	1	6	5670	1.61
10	1	0-1	0-1	0-4	9555	2.71
	-	2	-	0-2	5271	1.49
	-	1	0-2	0-5	115374	32.71
	-	-	5	-	21	0.01
	-	-	4	0-1	2730	0.77
	-	-	3	0-2	44310	12.56
	-	-	2	2-4	110985	31.47
	-	-	1	4-5	58800	16.67
	-	-	-	6	5670	1.61
9	1	-	0-1	0-3	3185	1.08
	-	2	-	-	525	0.18
	-	1	0-1	0-4	56280	19.15
	-	-	3	0-2	7560	2.57
	-	-	2	0-3	77070	26.22
	-	-	1	2-4	116865	39.76
	-	-	-	6	490	0.17
	-	-	-	5	12600	4.29
	-	-	-	4	19355	6.58
8	1	-	-	0-1	735	0.36
	-	1	0-1	0-3	19110	9.39
	-	-	2	0-2	21525	10.58
	-	-	1	0-4	98175	48.25
	-	-	-	5	1260	0.62
	-	-	-	4	19005	9.34
	-	-	-	3	34020	16.72
	-	-	-	2	9660	4.75
7	1	-	-	-	105	0.09
	-	1	-	0-1	4410	3.79
	-	-	2	-	2100	1.81
	-	-	1	0-3	43575	37.47
	-	-	-	4	1995	1.72
	-	-	-	3	20160	17.34
	-	-	-	2	32970	28.35
	-	-	-	1	10500	9.03
	-	-	-	-	465	0.40

Treffer	6	5	4	3	Fälle	Prozent
6	1	-	-	-	7	0.01
	-	1	-	-	630	1.16
	-	-	1	0-1	11025	20.32
	-	-	-	4	35	0.06
	-	-	-	3	2100	3.87
	-	-	-	2	16590	30.57
	-	-	-	1	19880	36.64
	-	-	-	-	3997	7.37
5	-	1	-	-	42	0.21
	-	-	1	-	1575	7.74
	-	-	-	2	2100	10.32
	-	-	-	1	10500	51.60
	-	-	-	-	6132	30.13
4	-	-	1	-	105	1.75
	-	-	-	1	2100	35.09
	-	-	-	-	3780	63.16
3	-	-	-	1	140	10.53
	-	-	-	-	1190	89.47

System 32

22 Zahlen in 77 Sechserreihen (VEW-System)
Einsatz: ab 77 Euro

```
 1  1  1  1  1     1  1  1  1  1     1  1  1  1  1     1  1  1  1  1
 2  2  2  2  2     3  3  3  3  4     4  4  4  5  5     5  5  6  6  6
 3  7 11 15 19     7  8  9 10  7     8  9 10  7  8     9 10  7  8  9
 4  8 12 16 20    11 12 13 14 14    13 12 11 12 11    14 13 13 14 11
 5  9 13 17 21    15 16 17 18 17    18 15 16 18 17    16 15 16 15 18
 6 10 14 18 22    19 20 21 22 20    19 22 21 21 22    19 20 22 21 20

 1  2  2  2  2     2  2  2  2  2     2  2  2  2  2     2  2  3  3  3
 6  3  3  3  3     4  4  4  4  5     5  5  5  6  6     6  6  4  4  4
10  7  8  9 10     7  8  9 10  7     8  9 10  7  8     9 10  7  8 11
12 12 11 14 13    13 14 11 12 11    12 13 14 14 13    12 11  9 10 13
17 17 18 15 16    15 16 17 18 16    15 18 17 18 17    16 15 16 15 20
19 22 21 20 19    21 22 19 20 20    19 22 21 19 20    21 22 18 17 22

 3  3  3  3  3     3  3  3  3  4     4  4  4  4  4     4  4  5  5  5
 4  5  5  5  5     6  6  6  6  5     5  5  5  6  6     6  6  6  6  6
12  7  9 15 17     7  8 11 12  7     8 11 12  7  9    15 17  7  8 11
14  8 10 16 18    10  9 14 13 10     9 14 13  8 10    16 18  9 10 13
19 13 11 21 19    20 19 16 15 19    20 15 16 11 13    19 21 15 16 19
21 14 12 22 20    21 22 17 18 22    21 18 17 12 14    20 22 17 18 21

 5  7  7  7  7     7  7  8  8  8     8  9  9 11 11    13 13
 6  8  8  9  9    10 10  9  9 10    10 10 10 12 12    14 14
12 15 16 11 12    11 12 11 12 11    12 15 16 15 16    15 16
14 18 17 14 13    13 14 13 14 14    13 18 17 17 18    17 18
20 20 19 21 19    17 15 15 17 19    21 19 20 20 19    19 20
22 22 21 22 20    18 16 16 18 20    22 21 22 21 22    22 21
```

Garantietabelle nächste Seite

Garantietabelle System 32

Treffer	6	5	4	3	Fälle	Prozent
20	40	32	5	-	231	100.00
19	28	36	12	1	1540	100.00
18	20	32	24	-	1155	15.79
	19	36	18	4	6160	84.21
17	16	20	40	-	462	1.75
	13	31	26	6	18480	70.18
	12	35	20	10	7392	28.07
16	16	-	60	-	77	0.10
	10	21	35	10	7392	9.91
	9	24	33	8	9240	12.38
	8	28	27	12	55440	74.30
	6	36	15	20	2464	3.30
15	10	6	45	15	1232	0.72
	7	14	42	7	2640	1.55
	6	19	32	17	55440	32.51
	5	22	30	15	73920	43.34
	4	26	24	19	36960	21.67
	-	42	-	35	352	0.21
14	7	-	56	-	330	0.10
	6	8	35	24	9240	2.89
	4	13-14	30-34	18-24	73920	23.12
	3	16-17	28-32	16-22	175560	54.90
	2	20	26	20	55440	17.34
	-	28	14	28	5280	1.65
13	4	3-6	29-40	16-30	23100	4.64
	3	9	27	28	24640	4.95
	2	9-12	24-36	12-30	301840	60.68
	1	14	26	22	110880	22.29
	-	18	20	26	36960	7.43
12	4	-	27	32	2310	0.36
	2	0-6	22-45	0-32	139216	21.53
	1	7-10	15-27	22-40	328944	50.87
	-	12	18	28	6160	0.95
	-	11	21	26	147840	22.86
	-	10	25	20	22176	3.43
11	2	2	18	33	27720	3.93
	1	1-5	15-30	15-35	280896	39.82
	-	11	-	55	1344	0.19
	-	7	16-17	27-31	147840	20.96
	-	6	20	25	240240	34.06
	-	5	25	15	7392	1.05

Treffer	6	5	4	3	Fälle	Prozent
10	2	-	12	32	2310	0.36
	1	0-2	12-19	24-32	135520	20.96
	-	6	5	40	14784	2.29
	-	4	13-14	24-28	249480	38.58
	-	3	16-17	22-26	221760	34.29
	-	2	20	20	22176	3.43
	-	-	30	-	616	0.10
9	1	0-1	6-9	28-30	43120	8.67
	-	3	6	30	73920	14.86
	-	2	10-12	16-24	226380	45.51
	-	1	12-13	22-26	147840	29.72
	-	-	18	12	6160	1.24
8	1	-	3	24	9240	2.89
	-	2	3	24	36960	11.56
	-	1	6-7	18-22	184800	57.79
	-	-	14	-	330	0.10
	-	-	10	16	27720	8.67
	-	-	9	20	55440	17.34
	-	-	7	28	5280	1.65
7	1	-	-	15	1232	0.72
	-	1	2	17	55440	32.51
	-	-	7	7	2640	1.55
	-	-	5	15	73920	43.34
	-	-	4	19	36960	21.67
	-	-	-	35	352	0.21
6	1	-	-	-	77	0.10
	-	1	-	10	7392	9.91
	-	-	3	8	9240	12.38
	-	-	2	12	55440	74.30
	-	-	-	20	2464	3.30
5	-	1	-	-	462	1.75
	-	-	1	6	18480	70.18
	-	-	-	10	7392	28.07
4	-	-	1	-	1155	15.79
	-	-	-	4	6160	84.21
3	-	-	-	1	1540	100.00

System 33

26 Zahlen in 130 Sechserreihen (VEW-System)
Einsatz: ab 130 Euro

```
 1   1   1   1   1      1   1   1   1   1      1   1   1   1   1      1   1   1   1   1
 2   7  12  17  22      2   2   2   2   2      3   3   3   3   3      4   4   4   4   4
 3   8  13  18  23      7   8   9  10  11      7   8   9  10  11      7   8   9  10  11
 4   9  14  19  24     12  13  14  15  16     13  14  15  16  12     14  15  16  12  13
 5  10  15  20  25     17  18  19  20  21     19  20  21  17  18     21  17  18  19  20
 6  11  16  21  26     22  23  24  25  26     25  26  22  23  24     23  24  25  26  22

 1   1   1   1   1      1   1   1   1   1      2   2   2   2   2      2   2   2   2   2
 5   5   5   5   5      6   6   6   6   6      7   8   9  13   3      3   3   3   3   4
 7   8   9  10  11      7   8   9  10  11     19  11  10  16   7      9  10  12  15   7
15  16  12  13  14     16  12  13  14  15     20  14  12  17   8     11  13  14  16   9
18  19  20  21  17     20  21  17  18  19     23  15  18  24  21     17  22  23  18  13
26  22  23  24  25     24  25  26  22  23     26  22  21  25  24     20  26  25  19  15

 2   2   2   2   2      2   2   2   2   2      2   2   2   2   3      3   3   3   3   3
 4   4   4   4   5      5   5   5   5   6      6   6   6   6   7      8  10  13   4   4
 8  10  14  19   7      8  11  15  18   7      8   9  12  13   9     17  11  15   7   8
12  11  17  21  10      9  12  17  20  11     10  16  15  14  12     18  14  20  10   9
16  23  18  22  14     25  13  21  22  18     17  22  24  20  16     22  19  23  18  19
20  24  26  25  16     26  19  23  24  25     19  23  26  21  26     25  21  24  20  23

 3   3   3   3   3      3   3   3   3   3      3   3   3   4   4      4   4   4   4   4
 4   4   4   5   5      5   5   5   6   6      6   6   6   7   8      9  12   5   5   5
11  12  14   7   8      9  16  17   7   8      9  12  18  11  10     20  15   7   8   9
15  13  16  11  10     13  20  19  14  11     10  19  21  16  13     21  18  12  11  10
25  17  22  22  12     14  21  24  15  13     24  20  23  17  14     24  22  24  18  17
26  21  24  23  15     18  25  26  17  16     25  22  26  19  25     26  23  25  21  22

 4   4   4   4   4      4   4   5   5   5      5   5   5   5   5      5   6   6   6   6
 5   5   6   6   6      6   6   7   9  10     12   6   6   6   6      6   7   8  11  14
13  14   7   9  10     13  17   8  11  18     14   7   8  10  12     13  10   9  17  16
16  15   8  11  15     18  20  13  15  19     21   9  14  11  16     15  12  15  21  19
23  19  22  12  16     19  23  17  16  23     22  19  23  20  17     22  13  18  22  25
26  20  26  14  21     24  25  20  24  25     26  21  24  26  18     25  23  20  24  26
```

```
 7   7   7   7   7      7   7   7   7   8       8   8   8   8   8       8   9   9   9   9
 8   8   9   9  10     10  11  11  13   9       9  10  10  11  11      13  10  10  11  11
12  15  14  17  15     17  12  13  16  12      14  16  20  12  19      15  13  14  13  18
14  16  20  18  19     21  15  14  18  13      16  18  21  17  20      19  16  15  21  19
18  23  22  23  22     25  20  24  21  22      17  24  22  23  24      21  19  23  23  22
19  25  25  24  24     26  21  26  22  24      21  26  23  26  25      26  20  26  25  26


 9  10  10  10  11     12  12  13  14  15
12  11  11  12  14     13  16  14  15  16
15  13  12  14  16     18  19  17  18  17
17  15  16  17  18     20  21  19  21  20
19  17  22  20  20     25  23  22  24  22
25  18  25  24  23     26  24  23  25  26
```

Garantietabelle nächste Seite

Garantietabelle System 33

Treffer	6	5	4	3	Fälle	Prozent
20	30	24	75	-	130	0.06
	24	45	50	10	15600	6.78
	23	48	48	8	14300	6.21
	22	52	42	12	132600	57.59
	21	56	36	16	62400	27.10
	20	60	30	20	5200	2.26
19	21	27	66	15	2600	0.40
	17	39-40	53-57	11-17	91000	13.83
	16	43-44	47-51	15-21	140400	21.34
	15	47	45	19	312000	47.43
	14	51	39	23	96200	14.62
	13	55	33	27	15600	2.37
18	15	24	63	24	9100	0.58
	14	24-28	57-72	8-28	16250	1.04
	13	30	58	24	15600	1.00
	12	32-34	52-60	16-28	209625	13.42
	11	36-37	50-54	20-26	471900	30.21
	10	40-41	44-48	24-30	604500	38.69
	9	44	42	28	175500	11.23
	8	48	36	32	59800	3.83
17	11	18-19	59-63	28-34	20800	0.67
	10	20-23	53-64	24-38	50700	1.62
	9	23-26	51-62	22-36	187200	5.99
	8	27-30	45-56	26-40	679250	21.74
	7	30-33	42-54	24-42	1136600	36.36
	6	34-36	40-48	28-40	834600	26.71
	5	38-39	38-42	32-38	156000	4.99
	4	42	36	36	59800	1.91
16	10	8	60	40	1950	0.04
	8	10-16	48-70	20-48	26585	0.50
	7	16-18	49-57	32-44	214500	4.04
	6	18-22	43-58	28-48	663000	12.48
	5	22-25	41-52	32-46	1705600	32.11
	4	24-28	38-54	24-48	1869400	35.19
	3	28-30	40-48	28-40	647400	12.19
	2	32-34	34-42	32-44	179400	3.38
	-	40	30	40	3900	0.07
15	7	7	49	49	7800	0.10
	6	10-11	43-47	47-53	39000	0.50
	5	9-14	40-59	29-55	336960	4.36
	4	14-17	38-49	39-53	1518400	19.65
	3	15-20	35-55	25-55	2862600	37.05
	2	19-23	33-49	29-53	2316600	29.98
	1	23-26	31-43	33-51	566800	7.34
	-	28	33	43	46800	0.61
	-	27	37	37	31200	0.40
14	7	-	42	56	650	0.01
	5	0-6	37-60	24-56	8450	0.09
	4	4-10	30-52	36-64	252200	2.61
	3	8-12	31-47	36-60	1400100	14.50
	2	8-15	29-56	20-58	3948100	40.88
	1	14-18	27-42	36-56	3224000	33.38
	-	20	28-29	48-52	62400	0.65
	-	19	32-33	42-46	249600	2.58
	-	18	36-37	36-40	473200	4.90
	-	17	40	34	31200	0.32
	-	16	44	28	7800	0.08
13	4	3	30	56	14300	0.14
	3	2-8	19-42	38-70	226200	2.17
	2	3-9	24-48	24-60	2156700	20.74
	1	6-12	21-44	30-62	5028400	48.35
	-	14	22-23	54-58	109200	1.05
	-	13	26-28	44-52	570000	5.48
	-	12	30-32	38-46	1274000	12.25
	-	11	34-35	36-40	912600	8.77
	-	10	38-39	30-34	109200	1.05

Treffer	6	5	4	3	Fälle	Prozent
12	4	-	21	56	650	0.01
	3	0-2	21-28	48-56	11700	0.12
	2	0-6	14-39	24-64	571350	5.92
	1	2-8	15-36	34-60	3858400	39.95
	-	10	16-17	52-56	46800	0.48
	-	9	19-21	46-54	514800	5.33
	-	8	22-26	36-52	1829100	18.94
	-	7	26-28	38-46	1934400	20.03
	-	6	30-32	32-40	847600	8.78
	-	5	34	34	31200	0.32
	-	4	38-40	20-28	11700	0.12
11	2	0-2	13-20	45-53	79560	1.03
	1	0-5	10-27	31-55	1856400	24.03
	-	7	10-11	51-55	62400	0.81
	-	6	13-15	45-53	488800	6.33
	-	5	16-20	35-51	2059200	26.65
	-	4	20-24	29-45	2301000	29.78
	-	3	23-26	31-43	754000	9.76
	-	2	27-30	25-37	124800	1.62
10	2	-	8-10	40-48	4875	0.09
	1	0-3	6-18	28-48	620100	11.67
	-	5	6	46	31200	0.59
	-	4	8-11	36-48	417300	7.86
	-	3	12-14	34-42	1752400	32.99
	-	2	14-20	20-44	1928160	36.30
	-	1	18-20	30-38	514800	9.69
	-	-	24	24	7800	0.15
	-	-	23	28	7800	0.15
	-	-	22	32	23400	0.44
	-	-	20	40	3900	0.07
9	1	0-1	4-9	28-40	148200	4.74
	-	3	3-5	34-42	114400	3.66
	-	2	6-10	24-40	953550	30.52
	-	1	9-13	22-38	1489800	47.68
	-	-	15	24	31200	1.00
	-	-	14	28	234000	7.49
	-	-	13	32	93600	3.00
	-	-	12	36	59800	1.91
8	1	-	2-3	24-28	24700	1.58
	-	2	2-3	24-28	78000	4.99
	-	1	4-6	22-30	733200	46.93
	-	-	12	8	650	0.04
	-	-	10	16	6825	0.44
	-	-	9	20	50700	3.25
	-	-	8	24	432900	27.71
	-	-	7	28	175500	11.23
	-	-	6	32	59800	3.83
7	1	-	-	15	2600	0.40
	-	1	1-2	17-21	148200	22.53
	-	-	6	11	5200	0.79
	-	-	5	15	78000	11.86
	-	-	4	19	312000	47.43
	-	-	3	23	96200	14.62
	-	-	2	27	15600	2.37
6	1	-	-	-	130	0.06
	-	1	-	10	15600	6.78
	-	-	3	8	14300	6.21
	-	-	2	12	132600	57.59
	-	-	1	16	62400	27.10
	-	-	-	20	5200	2.26
5	-	1	-	-	780	1.19
	-	-	1	6	39000	59.29
	-	-	-	10	26000	39.53
4	-	-	1	-	1950	13.04
	-	-	-	4	13000	86.96
3	-	-	-	1	2600	100.00

Systeme für
Kenotyp 7

System 34

14 Zahlen in 16 Siebenerreihen (VEW-System)
Einsatz: ab 16 Euro

	1	2	3	4	5	6	7	8	9	10	11	12	13	14	15	16
1	X	X	X	X	X	X	X	X								
2									X	X	X	X	X	X	X	X
3	X	X	X	X					X	X	X	X				
4					X	X	X	X					X	X	X	X
5	X	X			X	X			X	X			X	X		
6			X	X			X	X			X	X			X	X
7	X	X					X	X			X	X	X	X		
8			X	X	X	X			X	X					X	X
9	X		X		X		X		X		X		X		X	
10		X		X		X		X		X		X		X		X
11	X		X			X		X		X		X	X		X	
12		X		X	X		X		X		X			X		X
13	X			X	X			X		X	X			X	X	
14		X	X			X	X		X			X	X			X

Garantietabelle System 34

Treffer	7	6	5	4	Fälle	Prozent
12	4	8	4	-	84	92.31
	-	16	-	-	7	7.69
11	2	6	6	2	280	76.92
	-	8	8	-	84	23.08
10	2	-	12	-	56	5.59
	1	4	6	4	448	44.76
	-	8	-	8	56	5.59
	-	4	8	4	420	41.96
	-	-	16	-	21	2.10
9	1	1	6	6	336	16.78
	-	4	4	4	336	16.78
	-	2	6	6	1120	55.94
	-	-	8	8	210	10.49
8	1	-	3	8	112	3.73
	-	2	0-4	4-12	504	16.78
	-	1	4	6	1344	44.76
	-	-	8	-	168	5.59
	-	-	4	8	840	27.97
	-	-	-	16	35	1.17

Treffer	7	6	5	4	Fälle	Prozent
7	1	-	-	7	16	0.47
	-	1	1-3	4-6	784	22.84
	-	-	4	4	672	19.58
	-	-	2	0	1080	48.95
	-	-	-	8	280	8.16
6	-	1	-	3	112	3.73
	-	-	2	0-4	504	16.78
	-	-	1	4	1344	44.76
	-	-	-	8	168	5.59
	-	-	-	4	840	27.97
	-	-	-	-	35	1.17
5	-	-	1	1	336	16.78
	-	-	-	4	336	16.78
	-	-	-	2	1120	55.94
	-	-	-	-	210	10.49
4	-	-	-	2	56	5.59
	-	-	-	1	448	44.76
	-	-	-	-	497	49.65

System 35

14 Zahlen in 30 Siebenerreihen (VEW-System)
Einsatz: ab 30 Euro

	1	2	3	4	5	6	7	8	9	10	11	12	13	14	15	16	17	18	19	20	21	22	23	24	25	26	27	28	29	30
1	X	X	X	X	X	X	X	X	X	X	X	X	X	X	X															
2	X	X	X	X	X											X	X	X	X	X	X	X	X	X						
3	X	X					X	X	X	X	X					X	X	X	X						X	X	X	X		
4	X	X	X				X					X	X	X	X					X	X	X	X		X	X	X			
5	X			X	X			X	X			X	X			X	X			X	X			X	X			X	X	
6	X			X						X	X		X	X			X	X				X	X	X	X	X		X	X	
7	X		X			X		X		X		X		X		X		X		X		X			X		X		X	
8			X			X			X		X		X		X		X		X			X	X			X	X		X	X
9				X		X	X	X			X		X	X			X				X			X	X			X	X	X
10		X		X		X	X		X	X			X			X	X			X				X		X		X		X
11			X		X		X	X		X			X		X		X		X	X		X			X		X		X	X
12			X	X	X		X		X	X		X		X		X			X		X		X				X		X	X
13		X			X	X		X			X	X			X		X	X			X	X		X			X	X		X
14		X			X				X	X			X	X		X			X	X			X	X	X		X	X		X

Garantietabelle System 35

Treffer	7	6	5	4	Fälle	Prozent
14	30	-	-	-	1	100.00
13	15	15	-	-	14	100.00
12	8	14	8	-	21	23.08
	7	16	7	-	42	46.15
	6	18	6	-	28	30.77
11	4	11	11	4	42	11.54
	3	12	12	3	238	65.38
	2	13	13	2	84	23.08
10	3	0-2	20-24	0-2	28	2.80
	2	2-7	12-22	2-7	126	12.59
	1	5-11	6-18	5-11	714	71.33
	-	11	8	11	21	2.10
	-	10	10	10	42	4.20
	-	9	12	9	49	4.90
	-	8	14	8	21	2.10
9	1	1-3	11-13	11-13	630	31.47
	-	6	9	9	140	6.99
	-	5	10	10	504	25.17
	-	4	11	11	546	27.27
	-	3	12	12	182	9.09
8	1	-	3-9	10-22	210	6.99
	-	3	2-6	12-20	168	5.59
	-	2	4-9	8-18	1386	46.15
	-	1	6-13	2-16	1134	37.76
	-	-	13	4	63	2.10
	-	-	11	8	21	0.70
	-	-	10	10	21	0.70

Treffer	7	6	5	4	Fälle	Prozent
7	1	-	-	14	30	0.87
	-	1	0-4	10-14	1470	42.83
	-	-	7	8	84	2.45
	-	-	6	9	420	12.24
	-	-	5	10	672	19.58
	-	-	4	11	714	20.80
	-	-	3	12	42	1.22
6	-	1	-	3-9	210	6.99
	-	-	3	2-6	168	5.59
	-	-	2	4-9	1386	46.15
	-	-	1	6-13	1134	37.76
	-	-	-	13	63	2.10
	-	-	-	11	21	0.70
	-	-	-	10	21	0.70
5	-	-	1	1-3	630	31.47
	-	-	-	6	140	6.99
	-	-	-	5	504	25.17
	-	-	-	4	546	27.27
	-	-	-	3	182	9.09
4	-	-	-	3	28	2.80
	-	-	-	2	126	12.59
	-	-	-	1	714	71.33
	-	-	-	-	133	13.29

System 36

15 Zahlen in 15 Siebenerreihen (VEW-System)
Einsatz: ab 15 Euro

	1	2	3	4	5	6	7	8	9	10	11	12	13	14	15
1	X	X	X	X	X	X	X								
2	X	X	X					X	X	X	X				
3	X	X	X									X	X	X	X
4	X			X	X			X	X			X	X		
5		X		X		X		X		X		X		X	
6			X	X			X	X			X	X			X
7	X			X	X					X	X			X	X
8			X		X	X		X			X		X	X	
9		X			X		X		X		X	X		X	
10		X			X		X	X		X			X		X
11			X	X			X		X	X			X	X	
12	X						X	X			X	X	X	X	
13			X		X	X			X	X		X			X
14		X		X		X			X		X		X		X
15	X				X	X	X	X						X	X

Garantietabelle System 36

Treffer	7	6	5	4	Fälle	Prozent	Gewinn €
15	15	-	-	-	1	100.00	15000
14	8	7	-	-	15	100.00	8700
13	4	8	3	-	105	100.00	4836
12	2	6	6	1	420	92.31	2073
	-	12	-	3	35	7.69	1203
11	2	-	12	-	105	7.69	2144
	1	4	6	4	840	61.54	1476
	-	6	6	2	420	30.77	674
10	1	1	6	6	840	27.97	1178
	-	5	-	10	168	5.59	510
	-	3	6	4	1680	55.94	376
	-	2	8	4	315	10.49	300
9	1	-	3	8	420	8.39	1044
	-	2	3	6	1680	33.57	242
	-	1	5	6	2520	50.35	166
	-	-	9	-	280	5.59	108
	-	-	6	8	105	2.10	80
8	1	-	-	7	120	1.86	1007
	-	1	2	5	2520	39.16	129
	-	1	-	11	420	6.53	111
	-	-	4	5	2520	39.16	53
	-	-	3	7	840	13.05	43
	-	-	-	14	15	0.23	14

Treffer	7	6	5	4	Fälle	Prozent	Gewinn €
7	1	-	-	-	15	0.23	1000
	-	1	-	4	840	13.05	104
	-	-	3		420	6.53	36
	-	-	2	4	2520	39.16	28
	-	-	1	6	2520	39.16	18
	-	-	-	7	120	1.86	7
6	-	1	-	-	105	2.10	100
	-	-	1	2	2520	50.35	14
	-	-	-	6	280	5.59	6
	-	-	-	4	1680	33.57	4
	-	-	-	3	420	8.39	3
5	-	-	1	-	315	10.49	12
	-	-	-	2	1680	55.94	2
	-	-	-	1	840	27.97	1
	-	-	-	-	168	5.59	0
4	-	-	-	1	525	38.46	1
	-	-	-	-	840	61.54	0

System 37

18 Zahlen in 13 Siebenerreihen (VEW-System)
Einsatz: ab 13 Euro

	1	2	3	4	5	6	7	8	9	10	11	12	13
1	X	X	X	X	X								
2	X	X				X	X	X					
3	X	X							X	X	X		
4	X					X			X			X	X
5	X		X				X			X		X	
6	X			X				X			X	X	
7	X				X		X				X		X
8		X			X		X		X			X	
9		X		X		X				X		X	
10		X	X								X	X	X
11		X		X				X	X				X
12			X		X	X		X				X	
13				X	X	X			X		X		
14				X	X		X	X		X			
15			X		X				X	X			X
16			X	X		X	X			X			X
17						X		X		X	X		X
18			X				X	X	X		X		

Garantietabelle nächste Seite

Garantietabelle System 37

Treffer	7	6	5	4	Fälle	Prozent
18	13	-	-	-	1	100.00
17	8	5	-	-	17	94.44
	7	6	-	-	1	5.56
16	5	5-6	2-3	-	117	76.47
	4	7-8	1-2	-	22	14.38
	3	9-10	0-1	-	14	9.15
15	4	2-3	5-7	0-1	84	10.29
	3	4-6	2-6	0-2	407	49.88
	2	6-9	0-5	0-2	270	33.09
	1	8-9	2-4	0-1	48	5.88
	-	11	2	-	5	0.61
	-	10	3	-	2	0.25
14	3	0-2	5-10	0-3	192	6.27
	2	1-5	2-10	0-4	1174	38.37
	1	4-8	0-8	0-4	1366	44.64
	-	9	0-2	1-4	25	0.82
	-	8	3-4	0-2	96	3.14
	-	7	4-5	0-2	120	3.92
	-	6	6-7	0-1	78	2.55
	-	5	8	-	9	0.29
13	3	-	4-5	4-6	24	0.28
	2	0-3	1-7	1-7	831	9.70
	1	1-5	1-9	0-6	4272	49.86
	-	7	1-2	2-4	48	0.56
	-	6	2-4	0-5	516	6.02
	-	5	3-6	0-5	1268	14.80
	-	4	5-8	0-4	1226	14.31
	-	3	7-9	0-3	311	3.63
	-	1-2	9-11	0-2	72	0.84
12	3	-	-	9-10	4	0.02
	2	0-1	2-4	4-9	240	1.29
	1	0-3	0-9	0-9	5514	29.70
	-	6	-	3-4	8	0.04
	-	5	0-2	3-7	158	0.85
	-	4	0-5	0-9	2098	11.30
	-	3	3-7	0-7	5153	27.76
	-	2	4-8	0-7	4346	23.41
	-	1	6-9	0-6	921	4.96
	-	-	12	-	1	0.01
	-	-	11	-	36	0.19
	-	-	10	1-2	17	0.09
	-	-	9	3-4	45	0.24
	-	-	8	5	23	0.12
11	2	0-1	-	5-9	29	0.09
	1	0-2	0-6	2-9	4232	13.30
	-	4	0-1	3-6	30	0.09
	-	3	0-4	0-8	2262	7.11
	-	2	1-6	0-9	10727	33.71
	-	1	2-7	1-10	11580	36.39
	-	-	8	2-4	212	0.67
	-	-	7	2-5	1081	3.40
	-	-	6	4-6	949	2.98
	-	-	5	6-7	608	1.91
	-	-	3-4	8-10	114	0.36
10	1	0-2	0-4	0-10	2145	4.90
	-	3	0-1	2-5	60	0.14
	-	2	0-3	1-8	4368	9.98
	-	1	0-5	0-10	20882	47.72
	-	-	8	-	3	0.01
	-	-	7	0-1	24	0.05

Treffer	7	6	5	4	Fälle	Prozent
10	-	-	6	0-4	698	1.60
	-	-	5	1-5	3605	8.24
	-	-	4	3-7	6761	15.45
	-	-	3	5-9	4098	9.37
	-	-	2	7-9	994	2.27
	-	-	1	9-11	114	0.26
	-	-	-	12	6	0.01
9	1	-	0-2	1-6	715	1.47
	-	3	-	0-1	4	0.01
	-	2	0-1	1-5	452	0.93
	-	1	0-4	0-8	14099	29.00
	-	-	5	0-1	74	0.15
	-	-	4	1-4	2274	4.68
	-	-	3	1-7	10159	20.89
	-	-	2	2-7	14379	29.57
	-	-	1	4-9	5773	11.87
	-	-	-	10	24	0.05
	-	-	-	9	83	0.17
	-	-	-	8	335	0.69
	-	-	-	7	195	0.40
	-	-	-	6	54	0.11
8	1	-	-	0-3	143	0.33
	-	1	0-2	0-5	5005	11.44
	-	-	5	-	1	0.00
	-	-	4	1	10	0.02
	-	-	3	0-3	1012	2.31
	-	-	2	0-5	10458	23.90
	-	-	1	0-7	19656	44.92
	-	-	-	8	48	0.11
	-	-	-	7	492	1.12
	-	-	-	6	2431	5.56
	-	-	-	5	2681	6.13
	-	-	-	4	1445	3.30
	-	-	-	3	341	0.78
7	1	-	-	-	13	0.04
	-	1	-	0-3	1001	3.15
	-	-	2	0-3	1044	3.28
	-	-	1	0-4	12927	40.62
	-	-	-	0	50	0.16
	-	-	-	5	691	2.17
	-	-	-	4	4541	14.27
	-	-	-	3	6877	21.61
	-	-	-	2	3992	12.54
	-	-	-	1	622	1.95
	-	-	-	-	66	0.21
6	-	1	-	-	91	0.49
	-	-	1	0-2	3003	16.18
	-	-	-	4	57	0.31
	-	-	-	3	1495	8.05
	-	-	-	2	6340	34.15
	-	-	-	1	6240	33.61
	-	-	-	-	1338	7.21
5	-	-	1	-	273	3.19
	-	-	-	3	4	0.05
	-	-	-	2	452	5.28
	-	-	-	1	4089	47.72
4	-	-	-	1	455	14.87
	-	-	-	-	2605	85.13

System 38

18 Zahlen in 32 Siebenerreihen (VEW-System)
Einsatz: ab 32 Euro

	1	2	3	4	5	6	7	8	9	10	11	12	13	14	15	16	17	18	19	20	21	22	23	24	25	26	27	28	29	30	31	32	33	34	35	36
1	X	X	X	X	X	X	X	X	X	X	X	X	X	X																						
2	X	X													X	X	X	X	X	X	X	X	X	X	X	X										
3			X	X											X	X											X	X	X	X	X	X	X	X	X	X
4	X		X		X	X	X	X	X	X	X	X	X	X			X										X									
5		X			X										X		X	X	X	X	X	X	X	X	X	X		X								
6				X		X										X		X									X	X	X	X	X	X	X	X	X	X
7	X		X		X	X	X	X	X	X	X	X	X	X					X										X							
8		X					X								X		X	X	X	X	X	X	X	X	X	X				X						
9				X				X								X				X							X	X	X	X	X	X	X	X	X	X
10	X		X		X	X	X	X	X	X	X	X	X	X							X										X					
11		X							X						X		X	X	X	X	X	X	X	X	X	X						X				
12				X						X						X						X					X	X	X	X	X	X	X	X	X	X
13	X		X		X	X	X	X	X	X	X	X	X	X									X											X		
14		X									X				X		X	X	X	X	X	X	X	X	X	X								X		
15				X								X				X								X			X	X	X	X	X	X	X	X	X	X
16	X		X		X	X	X	X	X	X	X	X	X	X											X										X	
17		X											X		X		X	X	X	X	X	X	X	X	X	X										X
18				X										X		X										X	X	X	X	X	X	X	X	X	X	X

Garantietabelle System 38

Treffer	7	6	5	4	Fälle	Prozent
18	36	-	-	-	1	100.00
17	22	14	-	-	18	100.00
16	20	4	12	-	45	29.41
	10	24	2	-	108	70.59
15	18	6	-	12	60	7.35
	9	13	13	1	540	66.18
	-	30	6	-	216	26.47
14	16	8	-	-	45	1.47
	8	4-13	3-20	4-11	1395	45.59
	-	18	16	2	1620	52.94
13	14	10	-	-	18	0.21
	7	5-13	4-9	0-13	2340	27.31
	-	16	8	10	2160	25.21
	-	8	22	6	4050	47.27
12	12	12	-	-	3	0.02
	6	6-13	0-8	0-18	2766	14.90
	-	14	10	-	1620	8.73
	-	7	13	13	10800	58.18
	-	-	24	12	3375	18.18
11	5	7-13	0-7	0-8	2376	7.47
	-	12	12	-	648	2.04
	-	6	6-13	5-16	15300	48.08
	-	-	14	18	13500	42.42
10	4	8	0-6	0-7	1485	3.39
	-	10	14	-	108	0.25
	-	5	7-13	6-7	14040	32.09
	-	-	12	12	10125	23.14
	-	-	6	20	18000	41.14

Treffer	7	6	5	4	Fälle	Prozent
9	3	9	-	0-6	660	1.36
	-	4	8-13	0-7	8910	18.33
	-	-	10	14	4050	8.33
	-	-	5	13	27000	55.53
	-	-	-	18	8000	16.45
8	2	10	-	-	198	0.45
	-	3	9	0-5	3960	9.05
	-	-	8	16	675	1.54
	-	-	4	8-13	20925	47.82
	-	-	-	10	18000	41.14
7	1	11	-	-	36	0.11
	-	2	10	-	1188	3.73
	-	-	3	9-13	9900	31.11
	-	-	-	8	7200	22.62
	-	-	-	4	13500	42.42
6	-	12	-	-	3	0.02
	-	1	11	-	216	1.16
	-	-	2	10	2970	16.00
	-	-	-	6	1200	6.46
	-	-	-	3	10800	58.18
	-	-	-	-	3375	18.18
5	-	-	12	-	18	0.21
	-	-	1	11	540	6.30
	-	-	-	2	3960	46.22
	-	-	-	-	4050	47.27
4	-	-	-	12	45	1.47
	-	-	-	1	720	23.53
	-	-	-	-	2295	75.00

System 39

20 Zahlen in 80 Siebenerreihen (VEW-System)
Einsatz: ab 80 Euro

```
 1  1  1  1  1     1  1  1  1  1     1  1  1  1  1     1  1  1  1  1
 2  2  2  2  2     2  2  2  3  3     3  3  4  4  4     4  4  4  5  5
 3  3  3  3  4     5  6  7  4  5     6  7  5  5  6     6  7  7  6  6
 4  9 10 11  8     8  8  8  8  8     8  8  9 12 10    14  9 14  9 11
 5 12 13 14 12     9 10 11 13 10    11  9 10 13 11    15 11 17 12 15
 6 17 16 15 16    15 14 13 15 17    12 14 16 17 13    16 12 18 14 17
 7 20 19 18 18    19 20 17 20 18    19 16 20 19 18    19 15 20 18 20


 1  1  1  1  1     1  1  1  2  2     2  2  2  2  2     2  2  2  2  2
 5  5  6  6  9     9 10 11  3  3     3  3  4  4  4     4  4  4  5  5
 7  7  7  7 10    13 12 12  4  5     6  7  5  5  6     6  7  7  6  6
10 11  9 10 11    15 15 13  8  8     8  8  9 12  9    13 10 13 10 11
13 16 13 12 14    16 18 14 14 11     9 10 11 14 10    16 11 15 15 13
14 18 19 16 17    17 19 16 17 16    13 12 17 15 12    17 14 18 16 14
15 19 20 17 19    18 20 20 19 20    18 15 18 20 19    20 16 19 18 19


 2  2  2  2  2     2  2  2  3  3     3  3  3  3  3     3  3  3  3  3
 5  5  6  6  9     9 10 11  4  4     4  4  4  4  5     5  5  5  6  6
 7  7  7  7 10    14 12 12  5  5     6  6  7  7  6     6  7  7  7  7
 9 10  9 11 11    16 13 15 10 13     9 12  9 12  9    10  9 11 10 11
12 17 14 12 13    18 14 16 11 14    11 15 10 16 16    12 15 12 14 13
13 19 15 18 15    19 17 17 15 16    14 17 13 19 17    13 18 14 18 15
16 20 17 20 20    20 18 19 19 18    20 18 17 20 19    20 20 17 19 16


 3  3  3  3  4     4  4  4  4  4     5  5  5  5  6     6  6  7  7  7
 9  9 10 11  5     5  6  8  8  8     6  8  8  8  8     8  8  8  8  8
10 12 14 13  6     7  7  9  9 10     7  9 10 11  9    10 11  9 10 11
11 13 15 17  8     8  8 10 11 11     8 13 12 12 12    13 14 12 13 14
12 14 16 18 18    15 12 14 13 12     9 14 14 13 15    15 16 17 16 15
16 15 17 19 19    16 13 15 16 17    10 17 16 15 16    17 17 18 18 19
18 19 20 20 20    17 14 18 19 20    11 20 19 18 20    19 18 19 20 20
```

Garantietabelle System 39

Treffer	7	6	5	4	Fälle	Prozent
20	80	-	-	-	1	100.00
19	52	28	-	-	20	100.00
18	33	38	9	-	160	84.21
	32	40	8	-	30	15.79
17	21	36	21	2	160	14.04
	20	38-39	18-20	2-3	960	84.21
	16	48	12	4	20	1.75
16	15	24	36	4	80	1.65
	12	32-33	26-29	6-9	4200	86.69
	10	36-40	18-27	6-12	560	11.56
	-	64	-	16	5	0.10
15	15	-	60	-	16	0.10
	8	20-23	32-40	8-16	1920	12.38
	7	25	31-32	13-16	6720	43.34
	6	26-30	22-33	12-22	6720	43.34
	-	50	-	30	48	0.31
	-	40	24	12	80	0.52
14	8	0-7	40-60	0-20	360	0.93
	4	15-20	23-39	12-32	23520	60.68
	3	18-21	24-33	18-31	13440	34.67
	-	36	-	44	120	0.31
	-	30	20	22	720	1.86
	-	24	32	16-17	600	1.55
13	4	0-8	27-54	0-32	3600	4.64
	2	11-14	21-33	17-35	58560	75.54
	1	14	27-29	22-26	5760	7.43
	-	24	-	55	80	0.10
	-	21	15	31	960	1.24
	-	20	16	32	720	0.93
	-	18	24	23	1440	1.86
	-	17	26	23	2880	3.72
	-	16	28	22	720	0.93
	-	15	27	27	320	0.41
	-	14	30	24	1440	1.86
	-	13	33	22	960	1.24
	-	12	36	16	80	0.10
12	2	0-6	21-44	0-32	19800	15.72
	1	7-8	18-24	27-38	63360	50.30
	-	16	-	56	120	0.10
	-	13	11	38	960	0.76
	-	12	12-18	26-39	2000	1.59
	-	11	18-20	27-29	8640	6.86
	-	10	22-23	24-26	5760	4.57
	-	9	23-25	24-28	14400	11.43
	-	8	24-28	18-28	5880	4.67
	-	7	26	27-29	4800	3.81
	-	4	36	18	240	0.19
	-	-	48	-	10	0.01
11	2	-	18-24	20-34	2200	1.31
	1	1-4	14-25	19-37	52800	31.44
	-	9	-	56	480	0.29
	-	8	8	37-38	1440	0.86
	-	7	12	30	2880	1.71
	-	6	13-18	19-31	32160	19.15
	-	5	16-20	20-34	38880	23.15
	-	4	16-21	22-36	31680	18.86
	-	3	20	28-29	1920	1.14
	-	2	23-28	16-27	3240	1.93
	-	-	36	-	160	0.10
	-	-	28	20	120	0.07

Treffer	7	6	5	4	Fälle	Prozent
10	1	0-1	9-13	25-33	22880	12.38
	-	5	0-6	27-50	2688	1.45
	-	4	0-8	27-52	6720	3.64
	-	3	6-12	19-37	61440	33.25
	-	2	11-16	20-30	71880	38.91
	-	1	13-16	23-29	14400	7.79
	-	-	25	-	288	0.16
	-	-	24	-	240	0.13
	-	-	20	16	1440	0.78
	-	-	18	18-24	680	0.37
	-	-	16	24-27	1620	0.88
	-	-	15	26	480	0.26
9	1	-	4-5	24-26	6240	3.72
	-	2	0-6	18-42	35200	20.96
	-	1	3-9	18-33	89760	53.44
	-	-	15	-	480	0.29
	-	-	13	12	1440	0.86
	-	-	12	12-13	3840	2.29
	-	-	11	18	1440	0.86
	-	-	10	20-24	7560	4.50
	-	-	9	18-23	5920	3.52
	-	-	8	22-26	15600	9.29
	-	-	6	27	480	0.29
8	1	-	-	16-17	1040	0.83
	-	1	1-4	13-23	43680	34.67
	-	-	8	-	120	0.10
	-	-	7	8	2880	2.29
	-	-	6	9-16	15120	12.00
	-	-	5	14-17	26880	21.34
	-	-	4	15-19	23640	18.77
	-	-	3	19-20	9120	7.24
	-	-	2	20-24	3360	2.67
	-	-	-	34	120	0.10
	-	-	-	32	10	0.01
7	1	-	-	-	80	0.10
	-	1	-	8-11	7280	9.39
	-	-	3	5-9	14400	18.58
	-	-	2	8-12	36000	46.44
	-	-	1	11-14	15840	20.43
	-	-	-	22	240	0.31
	-	-	-	17	960	1.24
	-	-	-	16	80	0.10
	-	-	-	14	960	1.24
	-	-	-	13	960	1.24
	-	-	-	12	720	0.93
6	-	1	-	-	560	1.44
	-	-	1	4-6	21840	56.35
	-	-	-	12	120	0.31
	-	-	-	10	720	1.86
	-	-	-	9	960	2.48
	-	-	-	8	2280	5.88
	-	-	-	7	4320	11.15
	-	-	-	6	7840	20.23
	-	-	-	-	120	0.31
5	-	-	1	-	1680	10.84
	-	-	-	5	16	0.10
	-	-	-	4	1520	9.80
	-	-	-	3	7200	46.44
	-	-	-	2	4320	27.86
	-	-	-	-	768	4.95
4	-	-	-	1	2800	57.79
	-	-	-	-	2045	42.21

System 40

21 Zahlen in 120 Siebenerreihen (VEW-System)
Einsatz: ab 120 Euro

```
 1  1  1  1  1      1  1  1  1  1      1  1  1  1  1      1  1  1  1  1
 2  2  2  2  2      2  2  2  2  2      2  2  3  3  3      3  3  3  3  3
 3  3  3  3  4      4  4  4  5  5      5  5  4  4  4      4  5  5  5  5
 6  7 10 11  6      8 10 12  6  7     14 15  6  7 14     15  6  8 10 12
 8  9 12 13  7      9 11 13  9  8     17 16  9  8 17     16  7  9 11 13
14 15 18 19 18     20 14 16 10 11     18 19 11 10 19     18 20 18 16 14
16 17 20 21 19     21 15 17 13 12     21 20 12 13 20     21 21 19 17 15

 1  1  1  1  1      1  1  1  1  1      1  1  1  1  1      1  1  1  1  1
 4  4  4  4  6      6  6  6  6  6      7  7  7  7  8      8 10 10 11 11
 5  5  5  5  7      7  8  8  9  9      8  8  9  9  9      9 13 13 12 12
 6  7 10 11 10     11 10 12 14 16     14 16 10 12 10     11 14 15 14 15
 8  9 12 13 12     13 11 13 15 17     15 17 11 13 12     13 16 17 16 17
15 14 19 18 14     15 18 19 18 19     19 18 19 18 15     14 18 20 20 18
17 16 21 20 17     16 21 20 20 21     21 20 20 21 16     17 19 21 21 19

 2  2  2  2  2      2  2  2  2  2      2  2  2  2  2      2  2  2  2  2
 3  3  3  3  3      3  3  3  4  4      4  4  6  6  6      6  6  6  7  7
 4  4  4  4  5      5  5  5  5  5      5  5  7  7  8     10 13 13  8 10
 6  7  8  9  6      7  8  9  6  7      8  9  8  9  9     11 14 16  9 11
10 11 12 13 11     10 13 12 12 13     10 11 10 11 12     12 15 18 13 13
17 16 15 14 15     14 17 16 14 15     16 17 15 14 17     16 17 20 16 17
21 20 19 18 18     19 20 21 20 21     18 19 20 21 18     19 19 21 19 18

 2  2  2  2  2      2  2  2  3  3      3  3  3  3  3      3  3  3  3  3
 7  7  8  8  8      9  9  9  4  4      4  4  6  6  6      6  6  6  7  7
12 12 10 11 11     10 10 11  5  5      5  5  7  7  8     10 12 12  8 10
14 17 12 14 15     14 15 12  6  7      8  9  8  9  9     11 14 15  9 11
15 19 13 18 16     16 18 13 13 12     11 10 11 10 13     13 18 16 12 12
16 20 14 19 17     17 19 15 16 17     14 15 17 16 15     14 19 17 14 15
18 21 21 20 21     20 21 20 19 18     21 20 19 18 21     20 21 20 20 21

 3  3  3  3  3      3  3  3  4  4      4  4  4  4  4      4  4  4  4  4
 7  7  8  8  8      9  9  9  6  6      6  6  6  6  7      7  7  7  8  8
13 13 10 10 11     10 11 11  7  7      8 10 11 11  8     10 10 11 10 13
14 15 14 16 12     12 14 17  8  9      9 12 14 15  9     14 15 12 11 14
16 18 15 19 13     13 15 18 12 13     10 13 16 19 11     18 16 13 12 15
17 19 17 20 16     17 16 20 16 17     14 15 17 20 15     20 17 14 17 16
21 20 18 21 18     19 19 21 21 20     19 18 18 21 18     21 19 19 20 20
```

Fortsetzung System 40

```
4   4   4   4   5      5   5   5   5   5      5   5   5   5   5      5   5   5   5   5
8   9   9   9   6      6   6   6   6   6      7   7   7   7   8      8   8   9   9   9
13  10  12  12  7      7   8   10  10  11     8   10  11  11  10     12  12  10  13  13
17  11  14  16  8      9   9   14  17  12     9   12  14  16  11     14  15  11  14  15
18  13  15  18  13     12  11  15  18  13     10  13  15  18  13     16  18  12  19  16
19  16  17  19  14     15  16  16  19  17     17  16  17  19  15     17  20  14  20  17
21  21  21  20  18     19  20  21  20  21     21  20  20  21  19     19  21  18  21  18
```

Garantietabelle System 40

Treffer	7	6	5	4	Fälle	Prozent
21	120	-	-	-	1	100.00
20	80	40	-	-	21	100.00
19	52	56	12	-	210	100.00
18	33	57	27	3	1120	84.21
	32	60	24	4	210	15.79
17	21	48	42	8	840	14.04
	20	51-52	36-39	9-12	5040	84.21
	16	64	24	16	105	1.75
16	15	30	60	10	336	1.65
	12	40-41	44-48	16-22	17640	86.69
	10	46-50	30-42	18-30	2352	11.56
	-	80	-	40	21	0.10
15	15	-	90	-	56	0.10
	8	24-27	50-60	16-28	6720	12.38
	7	30	47-48	26-29	23520	43.34
	6	32-36	33-48	24-44	23520	43.34
	-	60	-	60	112	0.21
	-	50	30	30	336	0.62
14	8	0-7	60-84	0-30	1080	0.93
	4	18-22	39-54	22-42	70560	60.68
	3	22-24	39-45	35-40	40320	34.67
	-	42	-	77	120	0.10
	-	36	24	44	1680	1.44
	-	30	40	32	2520	2.17
13	4	0-8	41-72	0-44	9450	4.64
	2	13-16	28-40	38-56	153720	75.54
	1	16	37-38	36-38	15120	7.43
	-	24	18	55	1680	0.83
	-	21	30	40	6720	3.30
	-	20	32	40	5040	2.48
	-	18	36	39	3360	1.65
	-	17	39	37	6720	3.30
	-	16	42	34	1680	0.83
12	2	2-6	29-44	28-47	46200	15.72
	1	8-9	24-30	42-56	147840	50.30
	-	18	-	84	280	0.10
	-	13	22	45	10080	3.43
	-	12	24-27	38-45	8680	2.95
	-	11	28-29	39-41	40320	13.72
	-	10	30	40	10080	3.43
	-	9	32-36	28-42	28560	9.72
	-	8	36	36	1680	0.57
	-	4	48	24	210	0.07
11	2	-	24-26	40-45	4620	1.31
	1	2-4	18-26	38-52	110880	31.44
	-	10	-	80	672	0.19
	-	9	9	56	3360	0.95
	-	7	18	40	20160	5.72
	-	6	20-24	28-42	110880	31.44
	-	5	20-25	30-50	66528	18.86
	-	4	25-28	32-39	32760	9.29
	-	2	30	36	2520	0.71
	-	-	45	-	336	0.10

Treffer	7	6	5	4	Fälle	Prozent
10	1	0-1	12-15	39-42	43680	12.38
	-	5	0-8	39-70	9408	2.67
	-	4	6-10	40-52	13440	3.81
	-	3	12-15	28-40	154560	43.82
	-	2	15-18	32-38	114660	32.51
	-	1	17	37	10080	2.86
	-	-	30	-	672	0.19
	-	-	25	20	2016	0.57
	-	-	24	21	1680	0.48
	-	-	20	36	2520	0.71
9	1	-	5-6	32-34	10920	3.72
	-	2	3-7	27-42	73920	25.15
	-	1	6-10	26-36	157920	53.73
	-	-	18	-	280	0.10
	-	-	15	15	6720	2.29
	-	-	13	24	5040	1.71
	-	-	12	24-32	15330	5.22
	-	-	10	31-34	22680	7.72
	-	-	9	33	1120	0.38
8	1	-	-	22	1680	0.83
	-	1	2-4	18-25	76440	37.56
	-	-	8	10	2520	1.24
	-	-	7	16	20160	9.91
	-	-	6	18-22	45360	22.29
	-	-	5	21-22	40320	19.81
	-	-	4	24-25	10080	4.95
	-	-	3	26	6720	3.30
	-	-	-	44	210	0.10
7	1	-	-	-	120	0.10
	-	1	-	12-13	11760	10.11
	-	-	3	10-12	37800	32.51
	-	-	2	13-16	52920	45.51
	-	-	1	16	10080	8.67
	-	-	-	28	240	0.21
	-	-	-	22	1680	1.44
	-	-	-	16	1680	1.44
6	-	1	-	-	840	1.55
	-	-	1	6-7	35280	65.02
	-	-	-	15	56	0.10
	-	-	-	12	1680	3.10
	-	-	-	10	2856	5.26
	-	-	-	9	3360	6.19
	-	-	-	8	10080	18.58
	-	-	-	-	112	0.21
5	-	-	1	-	2520	12.38
	-	-	-	5	336	1.65
	-	-	-	4	6720	33.02
	-	-	-	3	10080	49.54
	-	-	-	-	693	3.41
4	-	-	-	1	4200	70.18
	-	-	-	-	1785	29.82

System 41

23 Zahlen in 253 Siebenerreihen (VEW-System)
Einsatz: ab 253 Euro

1	1	1	1	1	1	1	1	1	1	1	1	1	1	1	1	1	1	1	1
2	2	2	2	2	2	2	2	2	2	2	2	2	2	2	2	2	2	2	2
3	3	3	3	3	4	4	4	4	5	5	5	5	6	6	6	6	7	7	7
4	8	12	16	20	8	9	10	11	8	9	10	11	8	9	10	11	8	9	10
5	9	13	17	21	12	13	14	15	13	12	15	14	14	15	12	13	15	14	13
6	10	14	18	22	16	17	18	19	18	19	16	17	19	18	17	16	17	16	19
7	11	15	19	23	20	21	22	23	23	22	21	20	21	20	23	22	22	23	20

1	1	1	1	1	1	1	1	1	1	1	1	1	1	1	1	1	1	1	1
2	3	3	3	3	3	3	3	3	3	3	3	3	3	3	3	3	4	4	4
7	4	4	4	4	5	5	5	5	6	6	6	6	7	7	7	7	5	5	5
11	8	9	10	11	8	9	10	11	8	9	10	11	8	9	10	11	8	10	16
12	13	12	15	14	12	13	14	15	15	14	13	12	14	15	12	13	9	11	17
18	19	18	17	16	17	16	19	18	16	17	18	19	18	19	16	17	14	12	22
21	22	23	20	21	21	20	23	22	23	22	21	20	20	21	22	23	15	13	23

1	1	1	1	1	1	1	1	1	1	1	1	1	1	1	1	1	1	1	1
4	4	4	4	4	4	4	4	4	5	5	5	5	5	5	5	5	6	6	6
5	6	6	6	6	7	7	7	7	6	6	6	6	7	7	7	7	7	7	7
18	8	9	12	13	8	9	12	13	8	9	12	13	8	9	12	13	8	10	16
19	11	10	15	14	10	11	14	15	10	11	14	15	11	10	15	14	9	11	17
20	17	16	21	20	21	20	17	16	20	21	16	17	16	17	20	21	12	14	20
21	18	19	22	23	23	22	19	18	22	23	18	19	19	18	23	22	13	15	21

1	1	1	1	1	1	1	1	1	1	1	1	1	1	1	1	1	2	2	2
6	8	8	8	8	8	8	9	9	9	9	10	10	12	12	14	14	3	3	3
7	9	9	10	10	11	11	10	10	11	11	11	11	13	13	15	15	4	4	4
18	16	17	12	13	12	13	12	13	12	13	16	17	16	17	16	17	8	9	10
19	18	19	15	14	14	15	14	15	15	14	18	19	19	18	19	18	14	15	12
22	21	20	18	16	22	20	20	22	16	18	20	21	21	20	20	21	17	16	19
23	22	23	19	17	23	21	21	23	17	19	23	22	23	22	22	23	23	22	21

2	2	2	2	2	2	2	2	2	2	2	2	2	2	2	2	2	2	2	2
3	3	3	3	3	3	3	3	3	3	3	3	3	4	4	4	4	4	4	4
4	5	5	5	5	6	6	6	6	7	7	7	7	5	5	5	5	6	6	6
11	8	9	10	11	8	9	10	11	8	9	10	11	8	9	12	13	8	9	16
13	15	14	13	12	12	13	14	15	13	12	15	14	11	10	15	14	10	11	18
18	19	18	17	16	18	19	16	17	16	17	18	19	21	20	17	16	13	12	21
20	20	21	22	23	22	23	20	21	21	20	23	22	22	23	18	19	15	14	23

2	2	2	2	2	2	2	2	2	2	2	2	2	2	2	2	2	2	2	2
4	4	4	4	4	5	5	5	5	5	5	5	5	6	6	6	6	8	8	8
6	7	7	7	7	6	6	6	6	7	7	7	7	7	7	7	7	9	9	10
17	8	10	12	14	8	10	12	14	8	9	16	17	8	9	12	13	12	13	16
19	9	11	13	15	9	11	13	15	10	11	18	19	11	10	15	14	15	14	19
20	18	16	22	20	16	18	20	22	12	13	20	21	20	21	16	17	21	20	22
22	19	17	23	21	17	19	21	23	14	15	22	23	23	22	19	18	23	22	23

2   2   2   2   2   2   2   2   2   2   2   2   2   3   3   3   3   3   3   3
8   8   8   9   9   9   9 10 10 12   12 13 13   4   4   4   4   4   4   4
10 11 11 10 10   11 11 11 11 14   14 15 15   5   5   5   5   6   6   6
17 12 14 12 14   16 17 12 13 16   18 16 18   8   9   12 13   8 10 12
18 13 15 13 15   19 18 15 14 17   19 17 19 10 11   14 15   9 11 13
20 17 16 16 17   20 22 20 21 21   20 20 21 16 17   20 21 20 22 16
21 19 18 18 19   21 23 22 23 22   23 23 22 18 19   22 23 21 23 17

3   3   3   3   3   3   3   3   3   3   3   3   3   3   3   3   3   3   3   3
4   4   4   4   4   5   5   5   5   5   5   5   5   6   6   6   6   8   8   8
6   7   7   7   7   6   6   6   6   7   7   7   7   7   7   7   7   9   9 10
14   8   9 16 17   8   9 16 17   8   10 12 14   8   9   12 13 12 13 12
15 11 10 19 18   11 10 19 18   9   11 13 15 10 11   14 15 14 15 13
18 12 13 20 21   13 12 21 20 22   20 18 16 17 16   21 20 16 17 20
19 15 14 23 22   14 15 22 23 23   21 19 17 19 18   23 22 19 18 23

3   3   3   3   3   3   3   3   3   3   3   3   3   4   4   4   4   4   4   4
8   8   8   9   9   9   9 10 10 12   12 13 13   5   5   5   5   5   5   5
10 11 11 10 10   11 11 11 11 15   15 14 14   6   6   6   6   7   7   7
14 16 18 16 18   12 14 12 13 16   17 16 17   8   9   10 11   8   9 10
15 17 19 17 19   13 15 14 15 18   19 18 19 12 13   14 15 13 12 15
21 20 21 21 20   21 20 17 16 20   22 22 20 19 18   17 16 17 16 19
22 22 23 23 22   22 23 18 19 21   23 23 21 23 22   21 20 20 21 22

4   4   4   4   4   4   4   4   4   4   4   4   4   4   4   4   4   4   4   4
5   6   6   6   6   8   8   8   8   8   8   9   9   9   9   10 10 10 11 11
7   7   7   7   7   9   9 10 12 15   15 10 12 14 14   12 13 13 12 12
11   8   9 10 11   10 11 11 13 16   18 11 13 16 19   14 16 17 16 17
14 14 15 12 13   12 13 14 14 17   20 15 15 17 21   15 20 18 18 20
18 16 17 18 19   17 16 19 18 19   22 18 19 18 22   16 21 19 19 21
23 22 23 20 21   22 23 20 21 21   23 21 20 20 23   23 22 23 22 23

4   5   5   5   5   5   5   5   5   5   5   5   5   5   5   5   5   5   5   5
11   6   6   6   6   8   8   8   8   8   8   9   9   9   9   10 10 10 11 11
13   7   7   7   7   9   9 10 12 14   14 10 12 15 15   12 12 13 12 13
14   8   9 10 11   10 11 11 13 16   17 11 13 16 17   16 18 14 14 16
15 15 14 13 12   13 12 15 15 20   18 14 14 18 20   17 21 15 15 17
17 18 19 16 17   19 18 17 16 21   19 16 17 19 21   19 22 18 19 18
22 21 20 23 22   21 20 23 22 23   22 22 23 23 22   20 23 20 21 21

5   6   6   6   6   6   6   6   6   6   6   6   6   6   6   6   6   7   7   7
11   8   8   8   8   8   8   9   9   9   9 10 10 10 11   11 11   8   8   8
13   9   9 10 12   13 13 10 12 12   13 12 15 15 12   14 14   9   9 10
19 10 11 11 14   16 17 11 16 17   14 13 16 19 13   16 18 10 11 11
20 14 15 12 15   18 21 13 20 18   15 14 17 20 15   17 20 15 14 13
22 18 19 16 17   19 22 17 22 19   16 19 18 21 18   19 21 16 17 18
23 23 22 21 20   20 23 20 23 21   21 22 22 23 23   23 22 20 21 22

7   7   7   7   7   7   7   7   7   7   7   7   7
8   8   8   9   9   9   9 10 10 10   11 11 11
12 12 13 10 12   13 13 12 14 14   12 15 15
16 19 14 11 14   16 18 13 16 17   13 16 17
17 20 15 12 15   17 20 15 18 20   14 21 18
18 21 19 19 18   19 21 17 19 22   16 22 19
23 22 23 23 22   22 23 21 21 23   20 23 20

Garantietabelle System 41

Treffer	7	6	5	4	Fälle	Prozent	Gewinn €
20	80	120	48	5	1771	100.00	92.581
19	52	112	72	16	8855	100.00	64.080
18	33	95	90	30	28336	84.21	43.610
	32	100	80	40	5313	15.79	43.000
17	21	72	105	40	14168	14.04	29.500
	20	77	95	50	85008	84.21	28.890
	16	96	60	80	1771	1.75	26.400
16	15	42	126	35	4048	1.65	20.747
	12	57	96	65	212520	86.69	18.917
	10	66	81	75	28336	11.56	17.647
	-	112	-	140	253	0.10	11.340
15	15	-	168	-	506	0.10	17.016
	8	35	98	70	60720	12.38	12.746
	7	40	88	80	212520	43.34	12.136
	6	44	83	80	212520	43.34	11.476
	-	70	42	105	4048	0.83	7.609
14	8	7	112	56	7590	0.93	10.100
	4	27	72	96	70840	8.67	7.660
	4	26	77	86	425040	52.01	7.610
	3	30	72	86	283360	34.67	6.950
	-	42	56	91	30360	3.72	4.963
13	4	8	75	80	53130	4.64	5.780
	2	20	45	120	14168	1.24	4.660
	2	17	60	90	850080	74.30	4.510
	1	20	60	80	85008	7.43	3.800
	-	24	54	85	141680	12.38	3.133
12	2	6	50	85	212520	15.72	3.285
	1	11	40	95	170016	12.57	2.675
	1	10	45	85	510048	37.72	2.625
	-	22	-	165	1288	0.10	2.365
	-	13	44	80	425040	31.44	1.908
	-	12	48	75	17710	1.31	1.851
	-	11	55	55	15456	1.14	1.815
11	2	-	36	80	17710	1.31	2.512
	1	4	31	80	425040	31.44	1.852
	-	11	11	110	15456	1.14	1.342
	-	7	30	75	510048	37.72	1.135
	-	6	35	65	170016	12.57	1.085
	-	6	34	70	212520	15.72	1.078
	-	-	66	-	1288	0.10	792
10	1	1	18	70	141680	12.38	1.386
	-	5	12	75	85008	7.43	719
	-	3	21	60	850080	74.30	612
	-	2	24	60	53130	4.64	548
	-	-	36	30	14168	1.24	462
9	1	-	7	56	30360	3.72	1.140
	-	2	9	51	283360	34.67	359
	-	1	13	46	425040	52.01	302
	-	-	18	36	70840	8.67	252
	-	-	14	56	7590	0.93	224
8	1	-	-	35	4048	0.83	1.035
	-	1	4	35	212520	43.34	183
	-	-	8	30	212520	43.34	126
	-	-	7	35	60720	12.38	119
	-	-	-	70	506	0.10	70
7	1	-	-	-	253	0.10	1.000
	-	1	-	20	28336	11.56	120
	-	-	3	20	212520	86.69	56
	-	-	-	35	4048	1.65	35
6	-	1	-	-	1771	1.75	100
	-	-	1	10	85008	84.21	22
	-	-	-	15	14168	14.04	15
5	-	-	1	-	5313	15.79	12
	-	-	-	5	28336	84.21	5
4	-	-	-	1	8855	100.00	1

Systeme für
Kenotyp 8

System 42

18 Zahlen in 18 Achterreihen (VEW-System)
Einsatz: ab 18 Euro

1	1	1	1	1		1	1	1	2	2		2	2	2	3	3		4	4	6
2	2	2	3	3		3	4	5	3	3		3	4	5	4	5		5	5	7
4	6	7	4	5		6	6	7	4	5		8	7	6	7	6		6	8	8
5	9	8	9	8		7	8	9	6	7		9	9	8	8	9		7	9	9
10	10	10	10	10		10	10	10	11	11		11	11	11	12	12		13	13	15
11	11	11	12	12		12	13	14	12	12		12	13	14	13	14		14	14	16
13	15	16	13	14		15	15	16	13	14		17	16	15	16	15		15	17	17
14	18	17	18	17		16	17	18	15	16		18	18	17	17	18		16	18	18

Garantietabelle System 42

Treffer	8	7	6	5	4	Fälle	Prozent
18	18	-	-	-	-	1	100.00
17	10	8	-	-	-	18	100.00
16	10	-	8	-	-	9	5.88
	5	10	3	-	-	144	94.12
15	5	5	5	3	-	144	17.65
	3	6	9	-	-	96	11.76
	2	9	6	1	-	576	70.59
14	5	-	10	-	3	36	1.18
	3	4	5	6	-	144	4.71
	2	6	5	4	1	864	28.24
	1	4-5	9-12	0-3	0-1	1440	47.06
	-	8	6	4	-	576	18.82
13	3	2	4	6	3	72	0.84
	2	3	6	4	2	432	5.04
	1	0-4	5-12	3-6	0-3	3456	40.34
	-	6	5	4	3	1152	13.45
	-	4	6	8	-	1152	13.45
	-	3	9	5	1	2304	26.89
12	3	-	6	-	9	12	0.06
	2	-	9	-	6	72	0.39
	1	0-3	3-8	4-8	2-5	3600	19.39
	-	4	2-5	4-8	3-4	1440	7.76
	-	3	4-5	5-8	2-5	4608	24.82
	-	2	7-8	2-5	3-6	3456	18.62
	-	1	6	9	2	4608	24.82
	-	-	9	6	3	768	4.14
11	1	0-2	3-4	3-9	3-6	2160	6.79
	-	3	1-2	5-7	6	1728	5.43
	-	2	3-6	2-7	3-7	5472	17.19
	-	1	3-6	4-9	2-6	13248	41.63
	-	-	7	3	7	2304	7.24
	-	-	6	6	4	2304	7.24
	-	-	3	10	5	4608	14.48
10	1	-	1-5	0-8	4-12	810	1.85
	-	2	1-3	2-5	5-7	1728	3.95
	-	1	1-4	2-8	3-10	13824	31.59
	-	-	8	-	6	36	0.08
	-	-	5	2-6	1-8	3744	8.56
	-	-	4	4-5	5-8	4032	9.21
	-	-	3	4-8	2-9	3456	7.90
	-	-	2	7	6	13824	31.59
	-	-	-	8	10	2304	5.27

Treffer	8	7	6	5	4	Fälle	Prozent
9	1	-	-	4-5	7-8	180	0.37
	-	1	0-3	2-6	4-10	6480	13.33
	-	-	4	2-4	2-3	648	1.33
	-	-	3	3-5	3-6	3936	8.10
	-	-	2	2-6	3-10	13248	27.25
	-	-	1	5-8	3-7	14400	29.62
	-	-	-	5	8	9216	18.96
	-	-	-	-	18	512	1.05
8	1	-	-	-	12	18	0.04
	-	1	-	2-3	5-7	1440	3.29
	-	-	4	-	6	36	0.08
	-	-	3	-	9	72	0.16
	-	-	2	0-4	1-8	3456	7.90
	-	-	1	1-5	2-10	15408	35.21
	-	-	-	6	5	288	0.66
	-	-	-	5	4-5	4608	10.53
	-	-	-	3	6	13824	31.59
	-	-	-	2	9	2304	5.27
	-	-	-	-	10	2304	5.27
7	-	1	-	-	6	144	0.45
	-	-	1	0-3	3-6	5040	15.84
	-	-	-	4	2	1152	3.62
	-	-	-	3	3-6	3024	9.50
	-	-	-	2	3-7	8640	27.15
	-	-	-	1	6-7	9216	28.96
	-	-	-	-	5	4608	14.48
6	-	-	1	-	2-6	504	2.71
	-	-	-	2	2-3	1728	9.31
	-	-	-	1	2-4	6624	35.68
	-	-	-	-	9	12	0.06
	-	-	-	-	6	1152	6.21
	-	-	-	-	5	2592	13.96
	-	-	-	-	4	576	3.10
	-	-	-	-	3	768	4.14
	-	-	-	-	2	4608	24.82
5	-	-	-	1	0-2	1008	11.76
	-	-	-	-	3	1800	21.01
	-	-	-	-	2	1728	20.17
	-	-	-	-	1	2880	33.61
	-	-	-	-	-	1152	13.45
4	-	-	-	-	3	36	1.18
	-	-	-	-	1	1152	37.65
	-	-	-	-	-	1872	61.18

System 43

18 Zahlen in 126 Achterreihen (VEW-System)
Einsatz: ab 126 Euro

```
 1   1   1   1   1      1   1   1   1   1      1   1   1   1   1      1   1   1   1   1
 2   2   2   2   2      2   2   2   2   2      2   2   2   2   2      2   2   2   2   2
 3   3   3   3   3      3   4   4   4   4      4   5   5   5   5      6   6   6   7   7
 4   5   6   7   8      9   5   6   7   8      9   6   7   8   9      7   8   9   8   9
10  10  10  10  10     10  10  10  10  10     10  10  10  10  10     10  10  10  10  10
11  11  11  11  11     11  11  11  11  11     11  11  11  11  11     11  11  11  11  11
12  12  12  12  12     12  13  13  13  13     13  14  14  14  14     15  15  15  16  16
13  14  15  16  17     18  14  15  16  17     18  15  16  17  18     16  17  18  17  18

 1   1   1   1   1      1   1   1   1   1      1   1   1   1   1      1   1   1   1   1
 2   3   3   3   3      3   3   3   3   3      3   3   3   3   3      4   4   4   4   4
 8   4   4   4   4      4   5   5   5   5      6   6   6   7   7      8   5   5   5   5
 9   5   6   7   8      9   6   7   8   9      7   8   9   8   9      9   6   7   8   9
10  10  10  10  10     10  10  10  10  10     10  10  10  10  10     10  10  10  10  10
11  12  12  12  12     12  12  12  12  12     12  12  12  12  12     12  13  13  13  13
17  13  13  13  13     13  14  14  14  14     15  15  15  16  16     17  14  14  14  14
18  14  15  16  17     18  15  16  17  18     16  17  18  17  18     18  15  16  17  18

 1   1   1   1   1      1   1   1   1   1      1   1   1   1   1      1   2   2   2   2
 4   4   4   4   4      4   5   5   5   5      5   5   6   6   6      7   3   3   3   3
 6   6   6   7   7      8   6   6   6   7      7   8   7   7   8      8   4   4   4   4
 7   8   9   8   9      9   7   8   9   8      9   9   8   9   9      9   5   6   7   8
10  10  10  10  10     10  10  10  10  10     10  10  10  10  10     10  11  11  11  11
13  13  13  13  13     13  14  14  14  14     14  14  15  15  15     16  12  12  12  12
15  15  15  16  16     17  15  15  15  16     16  17  16  16  17     17  13  13  13  13
16  17  18  17  18     18  16  17  18  17     18  18  17  18  18     18  14  15  16  17

 2   2   2   2   2      2   2   2   2   2      2   2   2   2   2      2   2   2   2   2
 3   3   3   3   3      3   3   3   3   3      3   4   4   4   4      4   4   4   4   4
 4   5   5   5   5      6   6   6   7   7      8   5   5   5   5      6   6   6   7   7
 9   6   7   8   9      7   8   9   8   9      9   6   7   8   9      7   8   9   8   9
11  11  11  11  11     11  11  11  11  11     11  11  11  11  11     11  11  11  11  11
12  12  12  12  12     12  12  12  12  12     12  13  13  13  13     13  13  13  13  13
13  14  14  14  14     15  15  15  16  16     17  14  14  14  14     15  15  15  16  16
18  15  16  17  18     16  17  18  17  18     18  15  16  17  18     16  17  18  17  18
```

```
 2   2   2   2   2      2   2   2   2   2      2   3   3   3   3      3   3   3   3   3
 4   5   5   5   5      5   5   6   6   6      7   4   4   4   4      4   4   4   4   4
 8   6   6   6   7      7   8   7   7   8      8   5   5   5   5      6   6   6   7   7
 9   7   8   9   8      9   9   8   9   9      9   6   7   8   9      7   8   9   8   9
11  11  11  11  11     11  11  11  11  11     11  12  12  12  12     12  12  12  12  12
13  14  14  14  14     14  14  15  15  15     16  13  13  13  13     13  13  13  13  13
17  15  15  15  16     16  17  16  16  17     17  14  14  14  14     15  15  15  16  16
18  16  17  18  17     18  18  17  18  18     18  15  16  17  18     16  17  18  17  18

 3   3   3   3   3      3   3   3   3   3      3   4   4   4   4      4   4   4   4   4
 4   5   5   5   5      5   5   6   6   6      7   5   5   5   5      5   5   6   6   6
 8   6   6   6   7      7   8   7   7   8      8   6   6   6   7      7   8   7   7   8
 9   7   8   9   8      9   9   8   9   9      9   7   8   9   8      9   9   8   9   9
12  12  12  12  12     12  12  12  12  12     12  13  13  13  13     13  13  13  13  13
13  14  14  14  14     14  14  15  15  15     16  14  14  14  14     14  14  15  15  15
17  15  15  15  16     16  17  16  16  17     17  15  15  15  16     16  17  16  16  17
18  16  17  18  17     18  18  17  18  18     18  16  17  18  17     18  18  17  18  18

 4   5   5   5   5    6
 7   6   6   6   7    7
 8   7   7   8   8    8
 9   8   9   9   9    9
13  14  14  14  14   15
16  15  15  15  16   16
17  16  16  17  17   17
18  17  18  18  18   18
```

Garantietabelle System 43

Treffer	8	7	6	5	4	Fälle	Prozent
18	126	-	-	-	-	1	100.00
17	70	56	-	-	-	18	100.00
16	70	-	56	-	-	9	5.88
	35	70	21	-	-	144	94.12
15	35	35	35	21	-	144	17.65
	15	60	45	6	-	672	82.35
14	35	-	70	-	21	36	1.18
	15	40	35	30	6	1008	32.94
	5	40	60	20	1	2016	65.88
13	15	20	40	30	15	504	5.88
	5	30	40	35	15	4032	47.06
	1	20	60	40	5	4032	47.06
12	15	-	60	-	45	84	0.45
	5	20	30	40	20	3024	16.29
	1	16	40	40	25	10080	54.30
	-	6	45	60	15	5376	28.96
11	5	10	30	30	30	1008	3.17
	1	12	26	40	30	10080	31.67

Treffer	8	7	6	5	4	Fälle	Prozent
11	-	5	31	45	35	16128	50.68
	-	-	21	70	35	4608	14.48
10	5	-	40	-	60	126	0.29
	1	8	18	36	30	5040	11.52
	-	4	20	36	40	20160	46.07
	-	-	15	46	45	16128	36.86
	-	-	-	56	70	2304	5.27
9	1	4	16	24	36	1260	2.59
	-	3	12	30	36	13440	27.64
	-	-	10	30	46	24192	49.76
	-	-	-	35	56	9216	18.96
	-	-	-	-	126	512	1.05
8	1	-	20	-	60	126	0.29
	-	2	7	24	30	5040	11.52
	-	-	6	20	40	20160	46.07
	-	-	-	20	45	16128	36.86
	-	-	-	-	70	2304	5.27
7	-	1	5	15	30	1008	3.17
	-	-	3	14	30	10080	31.67
	-	-	-	10	35	16128	50.68
	-	-	-	-	35	4608	14.48
6	-	-	6	-	45	84	0.45
	-	-	1	10	20	3024	16.29
	-	-	-	4	25	10080	54.30
	-	-	-	-	15	5376	28.96
5	-	-	-	6	15	504	5.88
	-	-	-	1	15	4032	47.06
	-	-	-	-	5	4032	47.06
4	-	-	-	-	21	36	1.18
	-	-	-	-	6	1008	32.94
	-	-	-	-	1	2016	65.88

System 44

20 Zahlen in 195 Achterreihen (VEW-System)
Einsatz: ab 195 Euro

```
 1  1  1  1  1     1  1  1  1  1     1  1  1  1  1     1  1  1  1  1
 2  2  2  2  2     2  2  2  2  2     2  2  2  2  2     2  2  2  2  2
 3  3  3  3  3     3  4  4  4  4     4  5  5  5  5     5  6  6  6  6
 4  5  6  8  9    10  5  6  7  9    10  6  7  8  9    10  7  8  9 10
11 11 11 11 11    11 11 11 11 11    11 11 11 11 11    11 11 11 11 11
12 12 12 12 12    12 12 12 12 12    12 12 12 12 12    12 12 12 12 12
13 13 13 13 13    13 14 14 14 14    14 15 15 15 15    15 16 16 16 16
14 15 16 18 19    20 15 16 17 19    20 16 17 18 19    20 17 18 19 20

 1  1  1  1  1     1  1  1  1  1     1  1  1  1  1     1  1  1  1  1
 2  2  2  2  2     2  3  3  3  3     3  3  3  3  3     3  3  3  3  3
 7  7  7  8  8     9  4  4  4  4     4  4  5  5  5     5  6  6  6  6
 8  9 10  9 10    10  5  6  7  8     9 10  6  7  8     9  7  8  9 10
11 11 11 11 11    11 11 11 11 11    11 11 11 11 11    11 11 11 11 11
12 12 12 12 12    12 13 13 13 13    13 13 13 13 13    13 13 13 13 13
17 17 17 18 18    19 14 14 14 14    14 14 15 15 15    15 16 16 16 16
18 19 20 19 20    20 15 16 17 18    19 20 16 17 18    19 17 18 19 20

 1  1  1  1  1     1  1  1  1  1     1  1  1  1  1     1  1  1  1  1
 3  3  3  3  3     3  4  4  4  4     4  4  4  4  4     4  4  4  4  4
 7  7  7  8  8     9  5  5  5  5     6  6  6  6  7     7  7  8  8  9
 8  9 10  9 10    10  6  7  8 10     7  8  9 10  8     9 10  9 10 10
11 11 11 11 11    11 11 11 11 11    11 11 11 11 11    11 11 11 11 11
13 13 13 13 13    13 14 14 14 14    14 14 14 14 14    14 14 14 14 14
17 17 17 18 18    19 15 15 15 15    16 16 16 16 17    17 17 18 18 19
18 19 20 19 20    20 16 17 18 20    17 18 19 20 18    19 20 19 20 20

 1  1  1  1  1     1  1  1  1  1     1  1  1  1  1     1  1  1  2  2
 5  5  5  5  5     5  5  5  5  5     6  6  6  6  7     7  7  8  3  3
 6  6  6  6  7     7  7  8  8  9     7  7  8  9  8     8  9  9  4  4
 7  8  9 10  8     9 10  9 10 10     8 10  9 10  9    10 10 10  5  6
11 11 11 11 11    11 11 11 11 11    11 11 11 11 11    11 11 11 12 12
15 15 15 15 15    15 15 15 15 15    16 16 16 16 17    17 17 18 13 13
16 16 16 16 17    17 17 18 18 19    17 17 18 19 18    18 19 19 14 14
17 18 19 20 18    19 20 19 20 20    18 20 19 20 19    20 20 20 15 16
```

```
 2  2  2  2  2      2  2  2  2  2      2  2  2  2  2      2  2  2  2  2
 3  3  3  3  3      3  3  3  3  3      3  3  3  3  3      3  3  3  4  4
 4  4  4  4  5      5  5  5  5  6      6  6  7  7  7      8  8  9  5  5
 7  8  9 10  6      7  8  9 10  7      8 10  8  9 10      9 10 10  6  7
12 12 12 12 12     12 12 12 12 12     12 12 12 12 12     12 12 12 12 12
13 13 13 13 13     13 13 13 13 13     13 13 13 13 13     13 13 13 14 14
14 14 14 14 15     15 15 15 15 16     16 16 17 17 17     18 18 19 15 15
17 18 19 20 16     17 18 19 20 17     18 20 18 19 20     19 20 20 16 17

 2  2  2  2  2      2  2  2  2  2      2  2  2  2  2      2  2  2  2  2
 4  4  4  4  4      4  4  4  4  4      4  4  5  5  5      5  5  5  5  5
 5  5  5  6  6      6  7  7  7  8      8  9  6  6  6      6  7  7  8  9
 8  9 10  7  8      9  8  9 10  9     10 10  7  8  9     10  8  9 10 10
12 12 12 12 12     12 12 12 12 12     12 12 12 12 12     12 12 12 12 12
14 14 14 14 14     14 14 14 14 14     14 14 15 15 15     15 15 15 15 15
15 15 15 16 16     16 17 17 17 18     18 19 16 16 16     16 17 17 18 19
18 19 20 17 18     19 18 19 20 19     20 20 17 18 19     20 18 19 20 20

 2  2  2  2  2      2  2  2  2  2      3  3  3  3  3      3  3  3  3  3
 6  6  6  6  6      6  7  7  7  8      4  4  4  4  4      4  4  4  4  4
 7  7  7  8  8      9  8  8  9  9      5  5  5  5  5      6  6  6  6  7
 8  9 10  9 10     10  9 10 10 10      6  7  8  9 10      7  8  9 10  9
12 12 12 12 12     12 12 12 12 12     13 13 13 13 13     13 13 13 13 13
16 16 16 16 16     16 17 17 17 18     14 14 14 14 14     14 14 14 14 14
17 17 17 18 18     19 18 18 19 19     15 15 15 15 15     16 16 16 16 17
18 19 20 19 20     20 19 20 20 20     16 17 18 19 20     17 18 19 20 19

 3  3  3  3  3      3  3  3  3  3      3  3  3  3  3      3  3  3  3  3
 4  4  4  5  5      5  5  5  5  5      5  5  6  6  6      6  6  6  7  7
 7  8  8  6  6      6  7  7  7  8      8  9  7  7  7      8  0  9  8  8
10  9 10  7  9     10  8  9 10  9     10 10  8  9 10      9 10 10  9 10
13 13 13 13 13     13 13 13 13 13     13 13 13 13 13     13 13 13 13 13
14 14 14 15 15     15 15 15 15 15     15 15 16 16 16     16 16 16 17 17
17 18 18 16 16     16 17 17 17 18     18 19 17 17 17     18 18 19 18 18
20 19 20 17 19     20 18 19 20 19     20 20 18 19 20     19 20 20 19 20

 3  3  4  4  4      4  4  4  4  4      4  4  4  4  4      4  4  4  4  4
 7  8  5  5  5      5  5  5  5  5      5  6  6  6  6      6  6  7  7  7
 9  9  6  6  6      7  7  7  8  8      9  7  7  7  8      8  9  8  8  9
10 10  8  9 10      8  9 10  9 10     10  8  9 10  9     10 10  9 10 10
13 13 14 14 14     14 14 14 14 14     14 14 14 14 14     14 14 14 14 14
17 18 15 15 15     15 15 15 15 15     15 16 16 16 16     16 16 17 17 17
19 19 16 16 16     17 17 17 18 18     19 17 17 17 18     18 19 18 18 19
20 20 18 19 20     18 19 20 19 20     20 18 19 20 19     20 20 19 20 20
```

```
 4   5   5   5   5      5   5   5   5   5      5   6   6   6   6
 8   6   6   6   6      6   6   7   7   7      8   7   7   7   8
 9   7   7   7   8      8   9   8   8   9      9   8   8   9   9
10   8   9  10   9     10  10   9  10  10     10   9  10  10  10
14  15  15  15  15     15  15  15  15  15     15  16  16  16  16
18  16  16  16  16     16  16  17  17  17     18  17  17  17  18
19  17  17  17  18     18  19  18  18  19     19  18  18  19  19
20  18  19  20  19     20  20  19  20  20     20  19  20  20  20
```

Garantietabelle System 44

Treffer	8	7	6	5	4	Fälle	Prozent
20	195	-	-	-	-	1	100.00
19	117	78	-	-	-	20	100.00
18	117	-	78	-	-	10	5.26
	65	104	26	-	-	180	94.74
17	65	52	52	26	-	180	15.79
	33	96	60	6	-	480	42.11
	32	99	57	7	-	480	42.11
16	65	-	104	-	26	45	0.93
	33	64	52	40	6	720	14.86
	32	66	52	38	7	720	14.86
	15	72	84	24	-	240	4.95
	14	74	84	22	1	2880	59.44
	12	80	78	24	1	240	4.95
15	33	32	64	40	20	360	2.32
	32	33	66	38	19	360	2.32
	15	54	60	48	18	480	3.10
	14	55-56	59-62	46-49	16-17	5760	37.15
	12	60	59	45	18	480	3.10
	5	45-46	92-95	45-48	4-5	5184	33.44
	4	48	92	46	5	2880	18.58
14	33	-	96	-	60	60	0.15
	32	-	99	-	57	60	0.15
	15	36	50	56	26	360	0.93
	14	36-38	49-53	56	23-27	4320	11.15
	12	40	53	52	25	360	0.93
	5	36-37	64-66	56	28-30	12960	33.44
	4	38-40	60-66	54-60	27-29	7200	18.58
	1	22-24	78-84	74-80	12-14	12480	32.20
	-	24	84	72	15	960	2.48
13	15	18	54	42	42	120	0.15
	14	18-19	55-56	41-43	41-43	1440	1.86
	12	20	60	39	39	120	0.15
	5	27-28	45-47	58-63	35-40	12960	16.72
	4	28-30	44-49	58-61	34-38	7200	9.29
	1	18-20	56-61	63-66	40-44	37440	48.30
	-	20	60	64	41	2880	3.72
	-	7	57	99	32	7680	9.91
	-	6	60	96	33	7680	9.91
12	15	-	72	-	84	15	0.01
	14	-	74	-	84	180	0.14
	12	-	80	-	78	15	0.01
	5	18-19	36-38	54-58	42	6480	5.14
	4	18-20	36-40	54-56	39-43	3600	2.86
	1	14-16	37-43	56-64	48-54	46800	37.15
	-	16	40-42	58-64	45-51	3600	2.86
	-	6	40-42	72-78	51-57	30720	24.39
	-	5	44	72	55	23040	18.29
	-	-	26	104	65	11520	9.15
11	5	9-10	36-37	36-38	55-57	1620	0.96
	4	8-10	38-40	36-40	52-56	900	0.54
	1	10-12	25-29	50-56	47-52	31200	18.58
	-	12	28-30	51-56	48-51	2400	1.43
	-	5	28-30	53-58	63-66	51840	30.86
	-	4	30-31	55-58	61-64	28800	17.15
	-	-	20	70	73	23040	13.72
	-	-	19	73	70	23040	13.72
	-	-	-	78	117	5120	3.05

Treffer	8	7	6	5	4	Fälle	Prozent
10	5	-	45-46	-	92-95	162	0.09
	4	-	48	-	92	90	0.05
	1	6-8	19-22	40-48	47-51	11700	6.33
	-	8	20-22	44-48	48	900	0.49
	-	4	18-20	42-48	55-61	48000	25.98
	-	3	20-21	44-46	57-59	19200	10.39
	-	-	15	46	71	11520	6.24
	-	-	14	48	71	51840	28.06
	-	-	13	50-52	65-71	17280	9.35
	-	-	-	52	91	23040	12.47
	-	-	-	-	195	1024	0.55
9	1	3-4	18-20	26-29	52-57	2340	1.39
	-	4	20	28	56	180	0.11
	-	3	10-13	34-39	47-52	26400	15.72
	-	2	12-13	37-38	49-52	7200	4.29
	-	-	10	31-32	61-64	28800	17.15
	-	-	9	32-34	61-66	46080	27.44
	-	-	8	35	63	5760	3.43
	-	-	-	33	70	23040	13.72
	-	-	-	32	73	23040	13.72
	-	-	-	-	117	5120	3.05
8	1	-	22-24	-	78-84	195	0.15
	-	2	6-8	26-30	39-43	8640	6.86
	-	1	8	29	42	1440	1.14
	-	-	24	-	84	15	0.01
	-	-	6	21-24	45-52	29520	23.43
	-	-	5	22-24	48-54	20160	16.00
	-	-	4	24	54	720	0.57
	-	-	-	20	51	3840	3.05
	-	-	-	19	55	23040	18.29
	-	-	-	18	57	26880	21.34
	-	-	-	-	65	11520	9.15
7	-	1	5-6	16-18	39-43	1560	2.01
	-	-	6	18	42	120	0.15
	-	-	3	15-17	34-38	15840	20.43
	-	-	2	16-17	37-40	4320	5.57
	-	-	-	10	40-41	14400	18.58
	-	-	-	9	42-43	23040	29.72
	-	-	-	8	44	2880	3.72
	-	-	-	-	33	7680	9.91
	-	-	-	-	32	7680	9.91
6	-	-	7	-	57	60	0.15
	-	-	6	-	60	60	0.15
	-	-	1	10-12	23-27	4680	12.07
	-	-	-	12	26	360	0.93
	-	-	-	4	27-29	14400	37.15
	-	-	-	3	30	5760	14.86
	-	-	-	-	15	960	2.48
	-	-	-	-	14	11520	29.72
	-	-	-	-	12	960	2.48
5	-	-	-	7	19	360	2.32
	-	-	-	6	20	360	2.32
	-	-	-	1	16-18	6240	40.25
	-	-	-	-	18	480	3.10
	-	-	-	-	5	5184	33.44
	-	-	-	-	4	2880	18.58
4	-	-	-	-	26	45	0.93
	-	-	-	-	7	720	14.86
	-	-	-	-	6	720	14.86
	-	-	-	-	1	3120	64.40
	-	-	-	-	-	240	4.95

Systeme für
Kenotyp 9

System 45

24 Zahlen in 56 Neunerreihen (VEW-System)
Einsatz: ab 56 Euro

1	1	1	1	1	1	1	1	1	1	1	1	1	1	1	1	1	1	1	1
2	2	2	2	2	2	3	3	3	3	3	4	4	4	4	5	5	5	6	6
3	4	5	6	7	8	4	5	6	7	8	5	6	7	8	6	7	8	7	8
9	9	9	9	9	9	9	9	9	9	9	9	9	9	9	9	9	9	9	9
10	10	10	10	10	10	11	11	11	11	11	12	12	12	12	13	13	13	14	14
11	12	13	14	15	16	12	13	14	15	16	13	14	15	16	14	15	16	15	16
17	17	17	17	17	17	17	17	17	17	17	17	17	17	17	17	17	17	17	17
18	18	18	18	18	18	19	19	19	19	19	20	20	20	20	21	21	21	22	22
19	20	21	22	23	24	20	21	22	23	24	21	22	23	24	22	23	24	23	24

1	2	2	2	2	2	2	2	2	2	2	2	2	2	2	2	3	3	3	3
7	3	3	3	3	3	4	4	4	4	5	5	5	6	6	7	4	4	4	4
8	4	5	6	7	8	5	6	7	8	6	7	8	7	8	8	5	6	7	8
9	10	10	10	10	10	10	10	10	10	10	10	10	10	10	10	11	11	11	11
15	11	11	11	11	11	12	12	12	12	13	13	13	14	14	15	12	12	12	12
16	12	13	14	15	16	13	14	15	16	14	15	16	15	16	16	13	14	15	16
17	18	18	18	18	18	18	18	18	18	18	18	18	18	18	18	19	19	19	19
23	19	19	19	19	19	20	20	20	20	21	21	21	22	22	23	20	20	20	20
24	20	21	22	23	24	21	22	23	24	22	23	24	23	24	24	21	22	23	24

3	3	3	3	3	3	4	4	4	4	4	4	5	5	5	6
5	5	5	6	6	7	5	5	5	6	6	7	6	6	7	7
6	7	8	7	8	8	6	7	8	7	8	8	7	8	8	8
11	11	11	11	11	11	12	12	12	12	12	12	13	13	13	14
13	13	13	14	14	15	13	13	13	14	14	15	14	14	15	15
14	15	16	15	16	16	14	15	16	15	16	16	15	16	16	16
19	19	19	19	19	19	20	20	20	20	20	20	21	21	21	22
21	21	21	22	22	23	21	21	21	22	22	23	22	22	23	23
22	23	24	23	24	24	22	23	24	23	24	24	23	24	24	24

Garantietabelle System 45 (ohne Berechnung von Null-Treffern)

Treffer	9	8	7	6	5	Fälle	Prozent
20	20	0-15	0-30	0-15	6	420	3.95
	10	20	15	10	1	4536	42.69
	4	24	24	4	-	5670	53.36
19	20	-	15	15	-	168	0.40
	10	10-20	5-20	10	5-10	6048	14.23
	4	18	18	13	3	22680	53.36
	1	15	30	10	-	13608	32.02
18	20	-	-	30	-	28	0.02
	10	0-10	10-30	0-15	5-15	4536	3.37
	4	12-18	12-16	7-16	6-12	41580	30.89
	1	12	21	16	6	68040	50.55
	-	6	30	20	-	20412	15.17
17	10	0-10	0-20	10-20	5-10	2016	0.58
	4	6-12	10-18	12-14	9-12	45360	13.11
	1	9-12	15-18	7-19	9-12	158760	45.87
	-	5	21	20	10	122472	35.39
	-	-	21	35	-	17496	5.06
16	10	-	10	20	-	504	0.07
	4	0-12	4-24	0-14	8-24	32130	4.37
	1	6-9	12	13-18	12	226800	30.84
	-	5	20	11	10	40824	5.55
	-	4	14	20	14	306180	41.63
	-	-	15	26	15	122472	16.65
	-	-	-	56	-	6561	0.89
15	10	-	-	30	-	56	0.00
	4	0-6	6-18	6-16	8-12	15120	1.16
	1	3-9	9-12	7-15	11-18	219240	16.77
	-	4	13	13	14	204120	15.61
	-	3	9	19	15	408240	31.22
	-	-	15	20	6	40824	3.12
	-	-	10	20	21	367416	28.10
	-	-	-	35	21	52488	4.01
14	4	0-6	0-12	12-18	4-12	4620	0.24
	1	0-6	6-15	0-12	12-30	149688	7.63
	-	4	12	6	16	34020	1.73
	-	3	8	14	14	408240	20.82
	-	2	6	16	16	306180	15.61
	-	-	10	15	15	244944	12.49
	-	-	6	16	21	612360	31.22
	-	-	-	35	-	17496	0.89
	-	-	-	20	30	183708	9.37
13	4	-	6	18	-	840	0.03
	1	0-6	3-12	3-12	9-18	73080	2.93
	-	3	7	9	15	136080	5.45
	-	2	5	13	13	408240	16.35
	-	1	5	10	20	122472	4.91
	-	-	10	10	10	40824	1.64
	-	-	6	12	17	612360	24.53
	-	-	3	13	18	612360	24.53
	-	-	-	20	15	122472	4.91
	-	-	-	10	30	367416	14.72
12	4	-	-	24	-	70	0.00
	1	0-3	3-9	6-12	9	25200	0.93
	-	3	6	4	18	15120	0.56
	-	2	4	10	12	204120	7.55
	-	1	4	9	14	204120	7.55
	-	-	6	0-8	14-30	224532	8.30
	-	-	3	10	15	816480	30.19
	-	-	1	10	15	367416	13.59
	-	-	-	20	-	20412	0.75
	-	-	-	10	20	367416	13.59
	-	-	-	4	24	459270	16.98

Treffer	9	8	7	6	5	Fälle	Prozent
11	1	0-3	0-6	9-12	3-12	5880	0.24
	-	2	3	7	13	45360	1.82
	-	1	3	8	10	136080	5.45
	-	-	6	4	12	22680	0.91
	-	-	5	1	20	40824	1.64
	-	-	3	7	13	408240	16.35
	-	-	1	8	12	612360	24.53
	-	-	-	10	10	122472	4.91
	-	-	-	6	15	122472	4.91
	-	-	-	4	18	612360	24.53
	-	-	-	1	15	367416	14.72
10	1	-	3	12	-	840	0.04
	-	2	2	4	16	3780	0.19
	-	1	2	7	8	45360	2.31
	-	-	4	2	12	34020	1.73
	-	-	3	4	12	90720	4.63
	-	-	1	6	10	408240	20.82
	-	-	-	10	-	13608	0.69
	-	-	-	5	11	244944	12.49
	-	-	-	4	12	306180	15.61
	-	-	-	1	12	612360	31.22
	-	-	-	-	21	17496	0.89
	-	-	-	-	6	183708	9.37
9	1	-	-	15	-	56	0.00
	-	1	1	6	8	7560	0.58
	-	-	3	1-3	6-12	22680	1.73
	-	-	1	4	9	136080	10.41
	-	-	-	4	6-8	272160	20.82
	-	-	-	1	9	408240	31.22
	-	-	-	-	15	40824	3.12
	-	-	-	-	5	367416	28.10
	-	-	-	-	-	52488	4.01
8	-	1	-	5	10	504	0.07
	-	-	2	4	2	3780	0.51
	-	-	1	2	9	22680	3.08
	-	-	-	4	-	5670	0.77
	-	-	-	3	6	90720	12.33
	-	-	-	1	6	136080	18.50
	-	-	-	-	10	40824	5.55
	-	-	-	-	4	306180	41.63
	-	-	-	-	-	122472	16.65
	-	-	-	-	-	6561	0.89
7	-	-	1	0-5	0-10	2016	0.58
	-	-	-	2	5	22680	6.55
	-	-	-	1	3	22680	6.55
	-	-	-	-	6	22680	6.55
	-	-	-	-	3	136080	39.32
	-	-	-	-	-	122472	35.39
	-	-	-	-	-	17496	5.06
6	-	-	-	6	-	28	0.02
	-	-	-	1	0-5	4536	3.37
	-	-	-	-	3	7560	5.62
	-	-	-	-	2	34020	25.28
	-	-	-	-	-	68040	50.55
	-	-	-	-	-	20412	15.17
5	-	-	-	-	6	168	0.40
	-	-	-	-	1	6048	14.23
	-	-	-	-	-	22680	53.36
	-	-	-	-	-	13608	32.02

Systeme für
Kenotyp 10

System 46

16 Zahlen in 48 Zehnerreihen (VEW-System)
Einsatz: ab 48 Euro

```
 1  1  1  1  1      1  1  1  1  1      1  1  1  1  1      1  1  1  1  1
 2  2  2  2  2      2  2  2  2  2      2  2  2  2  2      2  2  2  3  3
 3  3  3  3  3      3  3  3  3  3      3  3  5  5  5      5  6  6  5  5
 4  4  4  4  4      4  4  4  4  4      4  4  6  6  7      8  7  8  6  6
 5  5  5  5  5      5  6  6  6  6      7  7  7  7  9      9  9 10  7  7
 6  6  7  7  8      8  7  7  8  8      8  8  8  8 12     10 10 11  8  8
 9 10  9 11  9     10  9 10  9 11      9 10  9 10 13     11 11 13  9 10
12 11 10 12 11     12 11 12 10 12     12 11 11 12 14     12 12 14 12 11
13 14 13 14 13     15 15 13 14 13     14 13 13 14 15     13 14 15 13 15
15 16 16 15 14     16 16 14 15 16     16 15 16 15 16     15 16 16 14 16


 1  1  1  1  1      1  1  1  1  1      2  2  2  2  2      2  2  2  2  2
 3  3  3  3  4      4  4  4  4  4      3  3  3  3  3      3  4  4  4  4
 5  5  6  7  5      5  5  5  6  7      5  5  5  5  6      7  5  5  5  5
 6  8  7  8  6      6  6  7  8  8      6  6  6  7  8      8  6  6  6  8
 9  9 11  9  7      7  9  9  9 10      7  7 10  9  9      9  7  7  9 11
10 10 12 10  8      8 11 10 10 12      8  8 12 10 10     11  8  8 10 12
11 13 13 11  9     11 13 11 11 13      9 11 13 11 11     13  9 10 11 13
12 14 14 12 10     12 14 12 12 14     10 12 14 12 12     14 12 11 12 14
13 15 15 14 13     14 15 13 15 15     14 13 15 15 13     15 15 13 14 15
16 16 16 15 15     16 16 14 16 16     16 15 16 16 14     16 16 14 15 16


 2  2  3  3  3      3  3  3
 4  4  4  4  4      4  4  4
 6  7  5  5  5      5  6  6
 7  8  6  6  7      8  7  8
 9  9  7  7 10      9  9  9
10 10  8  8 11     10 10 12
13 11  9 10 13     11 11 13
14 12 11 12 14     12 12 14
15 13 14 13 15     14 13 15
16 16 15 16 16     16 15 16
```

Garantietabelle System 46 (ohne Null-Treffer-Berechnung)

Treffer	10	9	8	7	6	5	Fälle	Prozent
16	48	-	-	-	-	-	1	100.00
15	18	30	-	-	-	-	16	100.00
14	6	24	18	-	-	-	120	100.00
13	2	12	24	10	-	-	480	85.71
	-	18	18	12	-	-	80	14.29
12	1	4	18	20	5	-	720	39.56
	-	8	12	24	4	-	120	6.59
	-	6	18	18	6	-	960	52.75
	-	-	36	-	12	-	20	1.10
11	1	-	10	20	15	2	288	6.59
	-	3	6	24	12	3	960	21.98
	-	2	10	18	16	2	1440	32.97
	-	1	12	18	14	3	1440	32.97
	-	-	12	24	6	6	240	5.49
10	1	-	-	20	15	12	48	0.60
	-	1	3	14	20	9	2880	35.96
	-	-	9	-	36	-	160	2.00
	-	-	6	12	18	12	480	5.99
	-	-	5	14	18	10	2880	35.96
	-	-	4	16	18	8	360	4.50
	-	-	3	18-20	12-18	6-12	1200	14.99
9	-	1	-	6	20	15	480	4.20
	-	-	2	6-7	14-18	16-22	4320	37.76
	-	-	1	7-8	18-20	14	4320	37.76
	-	-	-	12	12	18	1200	10.49
	-	-	-	9	18-20	12-18	1120	9.79
8	-	-	1	0-2	10-14	20	2160	16.78
	-	-	-	4	8-10	18-24	4320	33.57
	-	-	-	3	12	18	1920	14.92
	-	-	-	2	13-14	18-20	4320	33.57
	-	-	-	-	24	-	150	1.17
7	-	-	-	3	-	18	160	1.40
	-	-	-	1	2-6	12-22	5280	46.15
	-	-	-	-	7	14	1440	12.59
	-	-	-	-	6	15-18	4560	39.86
6	-	-	-	-	3	0-6	1120	13.99
	-	-	-	-	2	8	360	4.50
	-	-	-	-	1	9-12	6000	74.93
	-	-	-	-	-	12	528	6.59
5	-	-	-	-	-	6	240	5.49
	-	-	-	-	-	3	2400	54.95
	-	-	-	-	-	2	1728	39.56

System 47

21 Zahlen in 21 Zehnerreihen (VEW-System)
Einsatz: ab 21 Euro

	1	2	3	4	5	6	7	8	9	10	11	12	13	14	15	16	17	18	19	20	21
1	X	X	X	X	X	X	X	X	X	X											
2	X	X	X	X	X	X					X	X	X	X							
3	X	X	X	X	X	X									X	X	X	X			
4	X	X	X				X	X	X		X	X	X						X		
5	X	X	X				X	X	X						X	X	X			X	
6	X	X	X								X	X	X		X	X	X				X
7	X			X	X		X	X		X	X	X		X					X		
8	X			X	X		X	X		X					X	X		X		X	
9	X			X	X						X	X		X	X	X		X			X
10	X						X	X			X	X			X	X			X	X	X
11		X		X		X	X		X	X	X		X	X					X		
12		X		X		X	X		X	X					X		X	X		X	
13		X		X		X					X		X	X	X		X	X			X
14		X					X		X		X		X		X		X		X	X	X
15			X			X			X	X			X	X			X		X	X	X
16			X		X	X		X	X	X			X	X	X				X		
17			X		X	X		X	X	X					X	X	X		X		
18			X		X	X					X	X	X		X	X	X				X
19			X					X	X		X	X			X	X			X	X	X
20				X		X		X		X		X			X			X	X	X	X
21						X			X	X			X	X			X	X	X	X	X

Garantietabelle System 47 (ohne Null-Treffer-Berechnung)

Treffer	10	9	8	7	6	5	Fälle	Prozent
20	11	10	-	-	-	-	21	100.00
19	7	8	6	-	-	-	105	50.00
	4	14	3	-	-	-	105	50.00
18	6	3	9	3	-	-	140	10.53
	3	9-12	0-6	3-6	-	-	455	34.21
	2	9	9	1	-	-	630	47.37
	-	12	9	-	-	-	105	7.89
17	6	-	6	8	1	-	105	1.75
	2	4-7	6-12	0-6	0-3	-	2205	36.84
	1	4-6	9-12	4	0-1	-	1890	31.58
	-	9	6	5	1	-	210	3.51
	-	7	9	5	-	-	1260	21.05
	-	4	15	2	-	-	315	5.26
16	6	-	-	10	5	-	42	0.21
	2	4	0-5	5-14	1-4	0-1	1575	7.74
	1	2-5	6-9	3-12	0-4	0-3	6300	30.96
	-	6	5	7	2	1	1260	6.19
	-	5	5-6	7-10	0-3	0-1	2772	13.62
	-	4	6-9	4-10	1-4	-	2520	12.38
	-	3	9	7	2	-	2940	14.45
	-	2	9-12	4-10	0-3	-	1575	7.74
	-	1	12	7	1	-	1260	6.19
	-	-	15	4	2	-	105	0.52
15	6	-	-	-	15	-	7	0.01
	2	4	-	4-7	5-11	0-3	630	1.16
	1	0-2	3-9	2-8	3-10	0-3	8400	15.48
	-	6	-	12	-	-	35	0.06
	-	4	2-6	2-9	2-8	0-2	5985	11.03
	-	3	0-6	5-15	3-6	0-3	6020	11.09
	-	2	3-7	6-12	4-7	0-2	12600	23.22
	-	1	5-9	6-12	2-5	0-3	14490	26.70
	-	-	9	6	6	-	1330	2.45
	-	-	8	9	3	1	1260	2.32
	-	-	6	12	3	-	3255	6.00
	-	-	5	15	-	1	252	0.46
14	2	4	-	-	9	6	105	0.09
	1	0-2	3-6	1-9	0-11	3-6	6720	5.78
	-	4	2	2-4	6-9	4	1890	1.63
	-	3	0-3	6-9	4-7	0-3	2100	1.81
	-	2	2-5	5-8	2-11	1-6	18900	16.25
	-	1	0-7	2-13	3-9	0-5	39900	34.31
	-	-	7	4	7	2	2520	2.17
	-	-	6	4-8	4-10	0-3	4200	3.61
	-	-	5	5-8	4-10	1-4	10710	9.21
	-	-	4	8-10	4-7	2	13860	11.92
	-	-	3	8-11	4-10	0-3	7350	6.32
	-	-	2	11	7	1	7560	6.50
	-	-	-	14	7	-	465	0.40
13	1	0-2	0-3	0-8	2-8	0-6	3465	1.70
	-	4	2	-	4	10	315	0.15
	-	3	-	4-6	6-8	3	840	0.41
	-	2	2	3-5	5-6	4-7	7560	3.72
	-	1	0-4	1-10	3-10	1-8	49560	24.36
	-	-	6	0-4	2-8	6-8	945	0.46
	-	-	5	0-3	7-11	4	3150	1.55
	-	-	4	3-6	4-8	2-5	16380	8.05
	-	-	3	4-8	4-10	0-6	34020	16.72
	-	-	2	4-9	2-11	4-7	44100	21.67
	-	-	1	4-11	2-14	2-5	28980	14.24
	-	-	-	10	5-8	0-6	2625	1.29
	-	-	-	9	8	3	5040	2.48
	-	-	-	7	11	3	6510	3.20
12	1	-	0-3	2-8	2-6	3-6	1155	0.39
	-	3	-	3	3	9	140	0.05
	-	2	2	2	3	7	1260	0.43
	-	1	0-4	1-7	2-11	2-12	31710	10.79
	-	-	6	-	-	12	105	0.04
	-	-	4	1-2	5-6	4-8	1890	0.64
	-	-	3	2-7	0-10	0-9	25200	8.57
	-	-	2	0-6	3-9	4-10	45360	15.43
	-	-	1	2-8	2-12	2-11	98280	33.44
	-	-	-	8	5	3	2520	0.86
	-	-	-	7	3-5	6-9	5460	1.86
	-	-	-	6	6-9	0-8	15925	5.42
	-	-	-	5	6-9	3-9	22050	7.50
	-	-	-	4	9-11	3-6	22260	7.57
	-	-	-	3	9-11	6-9	9240	3.14
	-	-	-	2	12	6	10080	3.43
	-	-	-	1	15	3	1260	0.43
	-	-	-	-	18	-	35	0.01

Treffer	10	9	8	7	6	5	Fälle	Prozent
11	1	-	-	0-4	6-10	-	231	0.07
	-	1	0-2	1-5	2-8	0-9	11550	3.27
	-	-	4	-	4	4	315	0.09
	-	-	3	2	1-2	6-9	2940	0.83
	-	-	2	0-4	0-7	4-9	24570	6.97
	-	-	1	0-4	2-12	2-11	91665	25.99
	-	-	-	10	-	-	21	0.01
	-	-	-	7	3	3	840	0.24
	-	-	-	6	2-4	4-8	1890	0.54
	-	-	-	5	3-5	5-6	8694	2.46
	-	-	-	4	2-8	2-12	42210	11.97
	-	-	-	3	4-9	3-9	46620	13.22
	-	-	-	2	3-9	3-15	59010	16.73
	-	-	-	1	6-11	3-12	49140	13.93
	-	-	-	-	10	6	4410	1.25
	-	-	-	-	9	9	2940	0.83
	-	-	-	-	7	12	5670	1.61
10	1	-	-	-	10	-	21	0.01
	-	1	-	0-2	4-6	3-6	2310	0.65
	-	-	2	0-2	1-5	4-7	3780	1.07
	-	-	1	0-3	1-8	2-9	44415	12.59
	-	-	-	5	-	6	504	0.14
	-	-	-	4	2-6	0-3	3885	1.10
	-	-	-	3	1-5	3-9	26880	7.62
	-	-	-	2	1-6	2-12	76860	21.79
	-	-	-	1	0-9	0-15	98280	27.86
	-	-	-	-	10	0-4	651	0.18
	-	-	-	-	2-8	4-5	95130	26,97
9	-	1	-	-	4	6	210	0.07
	-	-	1	0-1	0-4	3-8	10395	3.54
	-	-	-	4	-	6	105	0.04
	-	-	-	3	0-1	5-9	5600	1.91
	-	-	-	2	1-4	0-6	17010	5.79
	-	-	-	1	0-6	2-10	82320	28.01
	-	-	-	-	6	-	490	0.17
	-	-	-	-	5	2-8	10080	3.43
	-	-	-	-	4	2-7	30870	10.50
	-	-	-	-	3	0-12	48020	16.34
	-	-	-	-	2	3-10	47250	16.08
	-	-	-	-	1	6-12	30450	10.36
	-	-	-	-	-	9-11	11130	3,78
8	-	-	1	-	0-2	4-8	945	0.46
	-	-	-	2	1	2-3	1680	0.83
	-	-	-	1	0-3	0-6	24360	11.97
	-	-	-	-	4	0-2	2625	1.29
	-	-	-	-	3	0-6	24885	12.23
	-	-	-	-	2	2-5	25830	12.69
	-	-	-	-	1	2-10	70035	34.42
	-	-	-	-	-	2-8	53130	26,12
7	-	-	-	1	0-2	0-6	2520	2.17
	-	-	-	-	3	-	105	0.09
	-	-	-	-	2	1-3	10080	8.67
	-	-	-	-	1	0-4	27195	23.39
	-	-	-	-	-	1-6	72975	62,76
	-	-	-	-	-	-	3405	2,93
6	-	-	-	-	3	-	35	0.06
	-	-	-	-	1	0-2	4305	7.93
	-	-	-	-	-	3	4410	8.13
	-	-	-	-	-	2	13860	25.54
	-	-	-	-	-	1	12222	22.52
	-	-	-	-	-	-	19432	35,80
5	-	-	-	-	-	3	210	1.03
	-	-	-	-	-	1	4662	22.91
	-	-	-	-	-	-	15477	76,06

Systeme ohne Garantieberechnung

System 48

24 Zahlen in 132 Zehnerreihen (VEW-System)
Einsatz: ab 132 Euro

1	1	1	1	1	1	1	1	1	1	1	1	1	1	1	1	1	1	1	1
2	2	2	2	2	2	2	2	2	2	2	2	2	2	2	2	2	2	2	2
3	3	3	3	3	3	3	3	4	4	4	4	5	5	5	5	5	6	6	6
4	4	4	4	7	7	7	7	7	7	7	7	6	8	8	8	8	9	9	9
5	5	5	13	8	8	8	13	10	10	10	13	13	10	10	10	13	11	11	11
6	6	6	14	9	9	9	14	11	11	11	14	14	12	12	12	14	12	12	12
13	13	15	15	13	13	15	15	13	13	16	16	15	13	13	17	17	13	13	18
14	14	16	16	14	14	19	19	14	14	19	19	16	14	14	20	20	14	14	21
15	17	17	17	15	20	20	20	16	22	22	22	17	17	22	22	22	18	23	23
16	18	18	18	19	21	21	21	19	23	23	23	18	20	24	24	24	21	24	24

1	1	1	1	1	1	1	1	1	1	1	1	1	1	1	1	1	1	1	1
2	2	2	2	2	3	3	3	3	3	3	3	3	3	3	3	3	3	3	3
6	8	10	10	11	4	4	4	4	5	5	5	5	6	6	6	6	10	10	11
9	9	11	12	12	8	8	8	8	9	9	9	9	7	7	7	7	11	12	12
13	13	13	13	13	11	11	11	13	10	10	10	13	10	10	10	13	13	13	13
14	14	14	14	14	12	12	12	15	11	11	11	15	12	12	12	15	15	15	15
18	15	16	17	18	13	13	16	16	13	13	17	17	13	13	18	18	17	18	16
21	19	19	20	21	15	15	20	20	15	15	21	21	15	15	19	19	21	19	20
23	20	22	22	23	16	23	23	23	17	22	22	22	18	22	22	22	22	22	23
24	21	23	24	24	20	24	24	24	21	23	23	23	19	24	24	24	23	24	24

1	1	1	1	1	1	1	1	1	1	1	1	1	1	1	2	2	2	2	2
4	4	4	4	4	4	4	4	4	4	5	5	5	5	5	3	3	3	3	3
5	5	5	5	6	6	6	6	9	9	6	6	6	6	8	4	4	4	4	5
7	7	7	7	8	8	8	8	10	12	7	7	7	7	11	9	9	9	9	7
9	9	9	13	9	9	9	13	13	13	8	8	8	13	13	10	10	10	14	11
12	12	12	16	10	10	10	16	16	16	11	11	11	17	17	12	12	12	15	12
13	13	17	17	13	13	18	18	18	17	13	13	18	18	18	14	14	16	16	14
16	16	19	19	16	16	20	20	20	19	17	17	19	19	19	15	15	21	21	15
17	21	21	21	18	21	21	21	21	21	18	20	20	20	20	16	22	22	22	17
19	24	24	24	20	22	22	22	22	24	19	23	23	23	23	21	24	24	24	19

Fortsetzung nächste Seite

```
 2   2   2   2   2      2   2   2   2   2      2   2   2   2   2      2   2   2   2   2
 3   3   3   3   3      3   3   3   3   3      4   4   4   4   4      4   4   4   4   4
 5   5   5   6   6      6   6  10  10  11      5   5   5   5   6      6   6   6   8   9
 7   7   7   8   8      8   8  11  12  12      8   8   8   8   7      7   7   7  12  11
11  11  14  10  10     10  14  14  14  14      9   9   9  14   8      8   8  14  14  14
12  12  15  11  11     11  15  15  15  15     11  11  11  16  12     12  12  16  16  16
14  17  17  14  14     18  18  18  16  17     14  14  17  17  14     14  18  18  18  17
15  19  19  15  15     20  20  20  21  19     16  16  20  20  16     16  19  19  19  20
23  23  23  18  22     22  22  22  22  23     17  21  21  21  18     20  20  20  20  21
24  24  24  20  23     23  23  23  24  24     20  23  23  23  19     24  24  24  24  23

 2   2   2   2   2      3   3   3   3   3      3   3   3   3   3      3   3   3   3   3
 5   5   5   5   5      4   4   4   4   4      4   4   4   4   4      4   5   5   5   5
 6   6   6   6   9      5   5   5   5   5      6   6   6   6   8      9   6   6   6   6
 7   7   7   7  10      6   7   7   7   7      7   7   7   7  10     11   8   8   8   8
 9   9   9  14  14     13   8   8   8  15      9   9   9  15  15     15   9   9   9  15
10  10  10  17  17     14  10  10  10  16     11  11  11  16  16     16  12  12  12  17
14  14  18  18  18     15  15  15  17  17     15  15  18  18  17     18  15  15  18  18
17  17  19  19  19     16  16  16  19  19     16  16  19  19  19     19  17  17  20  20
18  21  21  21  21     17  17  20  20  20     18  21  21  21  20     21  18  21  21  21
19  22  22  22  22     18  19  22  22  22     19  23  23  23  22     23  20  24  24  24

 3   3   4   4   4      4   4   4   4   4      5   5   5   5   5      5   6   6   6   6
 5   7   5   5   5      5   5   7   8   9      7   7   7   8   8      9   7   7   7   7
 9   8   6   6   6      6  11  10  11  10      8   9  11   9  10     10   8   8   9   9
12   9  10  10  10     10  12  11  12  12     10  12  12  11  12     11  11  12  10  11
15  13  11  11  11     16  16  13  13  14     15  13  14  14  13     13  13  14  14  15
17  14  12  12  12     17  17  14  15  15     16  16  15  16  14     15  17  16  17  16
18  15  16  16  18     18  18  16  16  10     17  17  17  17  17     17  18  18  18  18
20  19  17  17  22     22  22  19  20  21     19  19  19  20  20     21  19  19  19  19
21  20  18  23  23     23  23  22  23  22     20  21  23  21  22     22  20  20  21  21
24  21  22  24  24     24  24  23  24  24     22  24  24  23  24     23  23  24  22  23

 6   6   6   6   6      6   7   7   7   7      7   9
 7   8   8   8   9     10   8   8   8   8      8  10
10   9   9  10  11     11   9   9   9   9     11  11
12  10  12  11  12     12  10  10  10  10     12  12
13  13  15  14  13     16  11  11  11  19     19  19
15  16  17  15  14     17  12  12  12  20     20  20
18  18  18  18  18     18  19  19  21  21     21  21
19  20  20  20  21     22  20  20  22  22     22  22
22  21  21  22  23     23  21  23  23  23     23  23
24  22  24  23  24     24  22  24  24  24     24  24
```

System 49

Kenotyp 8
30 Zahlen in 30 Achterreihen (VEW-System)
Einsatz: ab 30 Euro

```
 1   1   1   1   1      1   1   1   2   2      2   2   3   3   3      3   4   4   5   5
 2   2   2   2   3      3   5   5   4   4      6   6   4   4   6      6   5   5   6   6
 3   3   7   7   7      7   7   7   8   8      8   8   9   9   9      9  10  10   7  11
 4   4   8   8   9      9  11  11  10  10     12  12  10  10  12     12  11  11   8  12
 5   9  13  22  14     23  15  24  15  24     13  22  13  22  17     26  13  22   9  14
 6  10  16  25  16     25  17  26  18  27     14  23  14  23  18     27  16  25  10  15
 7  11  20  29  18     27  19  28  19  28     17  26  15  24  20     29  17  26  11  16
 8  12  21  30  19     28  20  29  21  30     19  28  20  29  21     30  18  27  12  21


 5  13  13  13  13     14  14  15  15  17
 6  14  14  16  16     15  16  17  18  18
11  15  17  17  20     16  18  19  19  20
12  20  19  18  21     21  19  20  21  21
23  22  22  22  22     23  23  24  24  26
24  23  23  25  25     24  25  26  27  27
25  24  26  26  29     25  27  28  28  29
30  29  28  27  30     30  28  29  30  30
```

System 50

Kenotyp 8
32 Zahlen in 140 Achterreihen (VEW-System)
Einsatz: ab 140 Euro

```
 1   1   1   1   1      1   1   1   1   1      1   1   1   1   1      1   1   1   1   1
 2   2   2   2   2      2   2   3   3   3      3   3   3   4   4      4   4   4   4   5
 3   5   7   9  11     13  15   5   6   9     10  13  14   5   6      9  10  13  14   9
 4   6   8  10  12     14  16   7   8  11     12  15  16   8   7     12  11  16  15  13
17  17  17  17  17     17  17  17  17  17     17  17  17  17  17     17  17  17  17  17
18  18  18  18  18     18  18  19  19  19     19  19  19  20  20     20  20  20  20  21
19  21  23  25  27     29  31  21  22  25     26  29  30  21  22     25  26  29  30  25
20  22  24  26  28     30  32  23  24  27     28  31  32  24  23     28  27  32  31  29
```

1   1   1   1   1   1   1   1   1   1   1   1   1   1   1   2   2   2   2   2
5   5   5   6   6   6   6   7   7   7   7   8   8   8   8   3   3   3   3   3
10   11   12   9   10   11   12   9   10   11   12   9   10   11   12   5   6   9   10   13
14   15   16   14   13   16   15   15   16   13   14   16   15   14   13   8   7   12   11   16
17   17   17   17   17   17   17   17   17   17   17   17   17   17   17   18   18   18   18   18
21   21   21   22   22   22   22   23   23   23   23   24   24   24   24   19   19   19   19   19
26   27   28   25   26   27   28   25   26   27   28   25   26   27   28   21   22   25   26   29
30   31   32   30   29   32   31   31   32   29   30   32   31   30   29   24   23   28   27   32

2   2   2   2   2   2   2   2   2   2   2   2   2   2   2   2   2   2   2   2
3   4   4   4   4   4   4   5   5   5   5   6   6   6   6   7   7   7   7   8
14   5   6   9   10   13   14   9   10   11   12   9   10   11   12   9   10   11   12   9
15   7   8   11   12   15   16   14   13   16   15   13   14   15   16   16   15   14   13   15
18   18   18   18   18   18   18   18   18   18   18   18   18   18   18   18   18   18   18   18
19   20   20   20   20   20   20   21   21   21   21   22   22   22   22   23   23   23   23   24
30   21   22   25   26   29   30   25   26   27   28   25   26   27   28   25   26   27   28   25
31   23   24   27   28   31   32   30   29   32   31   29   30   31   32   32   31   30   29   31

2   2   2   3   3   3   3   3   3   3   3   3   3   3   3   3   3   3   3   3
8   8   8   4   4   4   4   4   4   5   5   5   5   6   6   6   6   7   7   7
10   11   12   5   7   9   11   13   15   9   10   11   12   9   10   11   12   9   10   11
16   13   14   6   8   10   12   14   16   15   16   13   14   16   15   14   13   13   14   15
18   18   18   19   19   19   19   19   19   19   19   19   19   19   19   19   19   19   19   19
24   24   24   20   20   20   20   20   20   21   21   21   21   22   22   22   22   23   23   23
26   27   28   21   23   25   27   29   31   25   26   27   28   25   26   27   28   25   26   27
32   29   30   22   24   26   28   30   32   31   32   29   30   32   31   30   29   29   30   31

3   3   3   3   3   4   4   4   4   4   4   4   4   4   4   4   4   4   4   4
7   8   8   8   8   5   5   5   5   6   6   6   6   7   7   7   7   8   8   8
12   9   10   11   12   9   10   11   12   9   10   11   12   9   10   11   12   9   10   11
16   14   13   16   15   16   15   14   13   15   16   13   14   14   13   16   15   13   14   15
19   19   19   19   19   20   20   20   20   20   20   20   20   20   20   20   20   20   20   20
23   24   24   24   24   21   21   21   21   22   22   22   22   23   23   23   23   24   24   24
28   25   26   27   28   25   26   27   28   25   26   27   28   25   26   27   28   25   26   27
32   30   29   32   31   32   31   30   29   31   32   29   30   30   29   32   31   29   30   31

4   5   5   5   5   5   5   5   5   5   5   5   5   5   6   6   6   6   6   6
8   6   6   6   6   6   7   7   7   7   8   8   8   8   7   7   7   7   8   8
12   7   9   11   13   15   9   10   13   14   9   10   13   14   9   10   13   14   9   10
16   8   10   12   14   16   11   12   15   16   12   11   16   15   12   11   16   15   11   12
20   21   21   21   21   21   21   21   21   21   21   21   21   21   22   22   22   22   22   22
24   22   22   22   22   22   23   23   23   23   24   24   24   24   23   23   23   23   24   24
28   23   25   27   29   31   25   26   29   30   25   26   29   30   25   26   29   30   25   26
32   24   26   28   30   32   27   28   31   32   28   27   32   31   28   27   32   31   27   28

6	6	7	7	7	7	9	9	9	9	9	9	9	10	10	10	10	11	11	13
8	8	8	8	8	8	10	10	10	11	11	12	12	11	11	12	12	12	12	14
13	14	9	11	13	15	11	13	15	13	14	13	14	13	14	13	14	13	15	15
15	16	10	12	14	16	12	14	16	15	16	16	15	16	15	15	16	14	16	16
22	22	23	23	23	23	25	25	25	25	25	25	25	26	26	26	26	27	27	29
24	24	24	24	24	24	26	26	26	27	27	28	28	27	27	28	28	28	28	30
29	30	25	27	29	31	27	29	31	29	30	29	30	29	30	29	30	29	31	31
31	32	26	28	30	32	28	30	32	31	32	32	31	32	31	31	32	30	32	32

System 51

Kenotyp 8
36 Zahlen in 81 Achterreihen (VEW-System)
Einsatz: ab 81 Euro

1	1	10	1	1	17	1	1	17	1	1	11	1	1	12	1	1	12	1	1
7	7	16	7	7	18	8	8	18	3	3	13	2	2	13	3	3	14	2	2
8	8	19	10	10	19	9	9	19	4	4	19	4	4	19	5	5	19	5	5
9	9	25	16	16	25	10	10	26	10	10	21	10	10	20	11	11	21	10	10
10	26	26	17	28	28	17	27	27	11	22	22	12	22	22	12	23	23	11	23
16	27	27	18	34	34	18	28	28	13	28	28	13	28	28	14	29	29	14	28
19	28	28	19	35	35	19	35	35	19	29	29	19	30	30	19	30	30	19	29
25	34	34	25	36	36	26	36	36	21	31	31	20	31	31	21	32	32	20	32

11	1	1	11	1	1	12	2	2	16	2	2	11	2	2	17	2	2	12	2
14	2	2	15	3	3	15	7	7	17	7	7	18	9	9	18	3	3	13	3
19	3	3	19	6	6	19	8	8	20	8	8	20	11	11	20	4	4	20	5
20	6	6	20	10	10	21	11	11	25	9	9	25	16	16	27	11	11	21	10
23	11	21	21	12	24	24	16	26	26	11	26	26	17	29	29	12	22	22	12
28	15	24	24	15	28	28	17	29	29	18	27	27	18	34	34	13	29	29	14
29	19	29	29	19	30	30	20	34	34	20	29	29	20	35	35	20	30	30	20
32	20	33	33	21	33	33	25	35	35	25	36	36	27	36	36	21	31	31	21

2	12	2	2	12	3	3	16	3	3	17	3	3	16	4	4	15	4	4	15
3	14	6	6	15	7	7	17	7	7	18	8	8	18	5	5	16	6	6	16
5	20	10	10	20	9	9	21	8	8	21	9	9	21	7	7	22	7	7	22
10	21	11	11	24	12	12	25	12	12	25	12	12	26	14	14	23	13	13	24
23	23	12	28	28	16	27	27	17	26	26	16	27	27	15	25	25	15	25	25
28	28	15	29	29	17	30	30	18	30	30	18	30	30	16	32	32	16	31	31
30	30	20	30	30	21	34	34	21	35	35	21	34	34	22	33	33	22	33	33
32	32	24	33	33	25	35	35	25	36	36	26	36	36	23	34	34	24	34	34

4	4	13	4	4	15	4	4	15	4	4	14	5	5	14	5	5	15	5	5
5	5	17	8	8	17	5	5	18	6	6	18	6	6	16	6	6	17	9	9
6	6	22	13	13	22	6	6	22	9	9	22	7	7	23	8	8	23	13	13
8	8	23	14	14	26	9	9	23	13	13	24	13	13	24	14	14	24	14	14
13	24	24	15	31	31	15	24	24	14	27	27	14	25	25	15	26	26	15	31
17	26	26	17	32	32	18	27	27	18	31	31	16	31	31	17	32	32	18	32
22	31	31	22	33	33	22	33	33	22	32	32	23	32	32	23	33	33	23	33
23	35	35	26	35	35	23	36	36	24	36	36	24	34	34	24	35	35	27	36

15
18
23
27
31
32
33
36

System 52

Kenotyp 8
40 Zahlen in 140 Achterreihen (VEW-System)
Einsatz: ab 140 Euro

11	4	3	2	2	2	1	1	1	1	13	6	5	2	2	2	1	1	1	1
12	10	4	9	9	3	9	3	3	2	14	10	6	9	9	5	9	5	5	2
17	12	9	12	11	4	10	12	4	10	17	14	9	14	13	6	10	14	6	10
18	17	10	17	18	18	11	17	11	18	18	17	10	17	18	18	13	17	13	18
33	26	25	20	20	20	19	19	19	19	33	26	25	22	22	22	21	21	21	21
34	28	26	27	27	25	27	25	25	20	34	30	26	29	29	25	29	25	25	22
35	34	27	34	33	26	28	34	26	28	37	34	29	34	33	26	30	34	26	30
36	35	28	35	36	36	33	35	33	36	38	37	30	37	38	38	33	37	33	38

15	8	7	2	2	2	1	1	1	1	13	7	5	3	3	3	1	1	1	1
16	10	8	9	9	7	9	7	7	2	15	11	7	9	9	5	9	5	5	3
17	16	9	16	15	8	10	16	8	10	17	15	9	15	13	7	11	15	7	11
18	17	10	17	18	18	15	17	15	18	19	17	11	17	19	19	13	17	13	19
33	26	25	24	24	24	23	23	23	23	33	27	25	23	23	23	21	21	21	21
34	32	26	31	31	25	31	25	25	24	35	31	27	29	29	25	29	25	25	23
39	34	31	34	33	26	32	34	26	32	37	35	29	35	33	27	31	35	27	31
40	39	32	39	40	40	33	39	33	40	39	37	31	37	39	39	33	37	33	39

```
14  8  6  3  3    3  1  1  1  1   13  8  5  4  4    4  1  1  1  1
16 11  8  9  9    6  9  6  6  3   16 12  8  9  9    5  9  5  5  4
17 16  9 16 14    8 11 16  8 11   17 16  9 16 13    8 12 16  8 12
19 17 11 17 19   19 14 17 14 19   20 17 12 17 20   20 13 17 13 20
33 27 25 24 24   24 22 22 22 22   33 28 25 24 24   24 21 21 21 21
35 32 27 30 30   25 30 25 25 24   36 32 28 29 29   25 29 25 25 24
38 35 30 35 33   27 32 35 27 32   37 36 29 36 33   28 32 36 28 32
40 38 32 38 40   40 33 38 33 40   40 37 32 37 40   40 33 37 33 40

14  7  6  4  4    4  1  1  1  1   13  8  5  3  3    3  2  2  2  2
15 12  7  9  9    6  9  6  6  4   16 11  8 10 10    5 10  5  5  3
17 15  9 15 14    7 12 15  7 12   18 16 10 16 13    8 11 16  8 11
20 17 12 17 20   20 14 17 14 20   19 18 11 18 19   19 13 18 13 19
33 28 25 23 23   23 22 22 22 22   34 27 26 24 24   24 21 21 21 21
36 31 28 30 30   25 30 25 25 23   35 32 27 29 29   26 29 26 26 24
38 36 30 36 33   28 31 36 28 31   37 35 29 35 34   27 32 35 27 32
39 38 31 38 39   39 33 38 33 39   40 37 32 37 40   40 34 37 34 40

14  7  6  3  3    3  2  2  2  2   13  7  5  4  4    4  2  2  2  2
15 11  7 10 10    6 10  6  6  3   15 12  7 10 10    5 10  5  5  4
18 15 10 15 14    7 11 15  7 11   18 15 10 15 13    7 12 15  7 12
19 18 11 18 19   19 14 18 14 19   20 18 12 18 20   20 13 18 13 20
34 27 26 23 23   23 22 22 22 22   34 28 26 23 23   23 21 21 21 21
35 31 27 30 30   26 30 26 26 23   36 31 28 29 29   26 29 26 26 23
38 35 30 35 34   27 31 35 27 31   37 36 29 36 34   28 31 36 28 31
39 38 31 38 39   39 34 38 34 39   39 37 31 37 39   39 34 37 34 39

14  8  6  4  4    4  2  2  2  2   13  6  5  4  4    4  3  3  3  3
16 12  8 10 10    6 10  6  6  4   14 12  6 11 11    5 11  5  5  4
18 16 10 16 14    8 12 16  8 12   19 14 11 14 13    6 12 14  6 12
20 18 12 18 20   20 14 18 14 20   20 19 12 19 20   20 13 19 13 20
34 28 26 24 24   24 22 22 22 22   35 28 27 22 22   22 21 21 21 21
36 32 28 30 30   26 30 26 26 24   36 30 28 29 29   27 29 27 27 22
38 36 30 36 34   28 32 36 28 32   37 36 29 36 35   28 30 36 28 30
40 38 32 38 40   40 34 38 34 40   38 37 30 37 38   38 35 37 35 38

15  8  7  4  4    4  3  3  3  3   15  8  7  6  6    6  5  5  5  5
16 12  8 11 11    7 11  7  7  4   16 14  8 13 13    7 13  7  7  6
19 16 11 16 15    8 12 16  8 12   21 16 13 16 15    8 14 16  8 14
20 19 12 19 20   20 15 19 15 20   22 21 14 21 22   22 15 21 15 22
35 28 27 24 24   24 23 23 23 23   37 30 29 24 24   24 23 23 23 23
36 32 28 31 31   27 31 27 27 24   38 32 30 31 31   29 31 29 29 24
39 36 31 36 35   28 32 36 28 32   39 38 31 38 37   30 32 38 30 32
40 39 32 39 40   40 35 39 35 40   40 39 32 39 40   40 37 39 37 40
```

Kenotyp 8
48 Zahlen in 144 Achterreihen (VEW-System)
Einsatz: ab 144 Euro

1	1	1	1	1		1	1	1	1	1		1	1	1	1	1		1	1	1	1	1
2	2	2	3	3		3	4	4	4	5		5	5	6	6	6		7	7	7	9	9
9	15	17	9	13		17	9	14	17	9		11	13	9	12	14		9	10	15	13	14
10	23	18	11	21		19	12	22	20	21		19	17	22	20	17		23	18	17	19	20
25	25	25	25	25		25	25	25	25	25		25	25	25	25	25		25	25	25	25	25
26	26	26	27	27		27	28	28	28	29		29	29	30	30	30		31	31	31	33	33
33	39	41	33	37		41	33	38	41	33		35	37	33	36	38		33	34	39	37	38
34	47	42	35	45		43	36	46	44	45		43	41	46	44	41		47	42	41	43	44

1	1	1	1	2		2	2	2	2	2		2	2	2	2	2		2	2	2	2	2
9	10	11	12	3		3	3	5	5	5		6	6	6	7	7		7	8	8	8	9
15	17	17	17	10		16	18	10	14	18		10	13	14	9	10		18	10	11	16	17
18	23	21	22	11		24	19	13	22	21		22	21	18	15	17		23	24	19	18	23
25	25	25	25	26		26	26	26	26	26		26	26	26	26	26		26	26	26	26	26
33	34	35	36	27		27	27	29	29	29		30	30	30	31	31		31	32	32	32	33
39	41	41	41	34		40	42	34	38	42		34	37	38	33	34		42	34	35	40	41
42	47	45	46	35		48	43	37	46	45		46	45	42	39	41		47	48	43	42	47

2	2	2	2	2		3	3	3	3	3		3	3	3	3	3		3	3	3	3	3
10	10	10	11	13		4	4	4	5	5		5	7	7	7	8		8	8	9	10	11
14	15	16	18	18		11	15	19	9	11		19	11	12	15	10		11	19	17	18	13
21	18	19	24	22		12	23	20	13	17		21	23	20	10	10		18	24	21	24	19
26	26	26	26	26		27	27	27	27	27		27	27	27	27	27		27	27	27	27	27
34	34	34	35	37		28	28	28	29	29		29	31	31	31	32		32	32	33	34	35
38	39	40	42	42		35	39	43	33	35		43	35	36	39	34		35	43	41	42	37
45	42	43	48	46		36	47	44	37	41		45	47	44	43	40		42	48	45	48	43

3	3	3	4	4		4	4	4	4	4		4	4	4	4	4		4	4	4	4	4
11	11	12	5	5		5	6	6	6	7		7	7	8	8	8		9	11	12	12	12
15	16	19	12	16		20	9	12	20	11		12	20	12	13	16		17	19	14	15	16
20	19	23	13	24		21	14	17	22	15		19	23	24	21	20		22	23	20	20	21
27	27	27	28	28		28	28	28	28	28		28	28	28	28	28		28	28	28	28	28
35	35	36	29	29		29	30	30	30	31		31	31	32	32	32		33	35	36	36	36
39	40	43	36	40		44	33	36	44	35		36	44	36	37	40		41	43	38	39	40
44	43	47	37	48		45	38	41	46	39		43	47	48	45	44		46	47	44	44	45

4	5	5	5	5
13	6	6	6	8
20	10	13	21	12
24	14	18	22	16
28	29	29	29	29
37	30	30	30	32
44	34	37	45	36
48	38	42	46	40

5	5	5	5	5
8	8	9	10	11
13	21	17	18	13
20	24	19	22	21
29	29	29	29	29
32	32	33	34	35
37	45	41	42	37
44	48	43	46	45

5	5	5	6	6
12	13	13	7	7
20	14	16	14	16
24	21	21	15	24
29	29	29	30	30
36	37	37	31	31
44	38	40	38	40
48	45	45	39	48

6	6	6	6	6
7	8	8	8	9
22	14	15	16	17
23	24	23	22	20
30	30	30	30	30
31	32	32	32	33
46	38	39	40	41
47	48	47	46	44

6	6	6	6	6
10	12	13	14	15
18	14	14	16	22
21	22	22	23	24
30	30	30	30	30
34	36	37	38	39
42	38	38	40	46
45	46	46	47	48

7	7	7	7	7
8	8	8	9	10
14	15	23	17	15
16	22	24	18	23
31	31	31	31	31
32	32	32	33	34
38	39	47	41	39
40	46	48	42	47

7	7	7	7	8
11	12	14	15	10
19	15	22	16	18
20	23	24	23	19
31	31	31	31	32
35	36	38	39	34
43	39	46	40	42
44	47	48	47	43

8	8	8	8	8
11	12	13	14	15
16	20	16	22	16
24	21	24	23	24
32	32	32	32	32
35	36	37	38	39
40	44	40	46	40
48	45	48	47	48

9	9	9	9	9
10	10	11	11	12
15	18	13	19	14
17	23	17	21	17
33	33	33	33	33
34	34	35	35	36
39	42	37	43	38
41	47	41	45	41

9	10	10	10	10
12	11	11	13	13
20	16	19	14	21
22	18	24	18	22
33	34	34	34	34
36	35	35	37	37
44	40	43	38	45
46	42	48	42	46

11	11	12	12	13
12	12	13	13	17
15	20	16	21	19
19	23	20	24	21
35	35	36	36	37
36	36	37	37	41
39	44	40	45	43
43	47	44	48	45

14	14	14	14	15
15	15	17	18	17
16	23	20	21	18
22	24	22	22	23
38	38	38	38	39
39	39	41	42	41
40	47	44	45	42
46	48	46	46	47

15	16	16	16
19	18	20	22
20	19	21	23
23	24	24	24
39	40	40	40
43	42	44	46
44	43	45	47
47	48	48	48

System 54

Kenotyp 9
30 Zahlen in 40 Neunerreihen (VEW-System)
Einsatz: ab 40 Euro

1	1	1	1	1		1	1	1	1	1		1	1	2	2	2		2	2	2	2	2
2	2	2	2	3		3	3	5	5	7		7	7	3	4	4		6	6	7	8	8
3	4	7	8	4		7	9	7	11	8		9	11	4	8	10		8	12	8	10	12
5	5	13	13	5		14	14	15	15	13		14	15	6	15	15		13	13	16	15	13
6	6	16	16	7		16	16	17	17	20		18	19	7	18	18		14	14	20	19	17
7	8	20	21	8		18	19	19	20	21		19	20	8	19	21		17	19	21	21	19
9	9	22	22	9		23	23	24	24	22		23	24	10	24	24		22	22	25	24	22
10	10	25	25	11		25	25	26	26	29		27	28	11	27	27		23	23	29	28	26
11	12	29	30	12		27	28	28	29	30		28	29	12	28	30		26	28	30	30	28

3	3	3	3	3		3	3	4	4	4		4	4	5	5	5		5	5	6	6	6
4	4	6	6	7		9	9	5	5	8		9	10	6	6	7		10	11	8	9	11
9	10	9	12	9		10	12	10	11	10		10	11	11	12	11		11	12	12	12	12
13	13	17	17	16		13	17	13	13	18		14	13	14	14	17		16	14	14	18	15
14	14	18	18	18		15	20	16	16	19		15	17	15	15	19		17	16	17	20	16
15	20	20	21	19		20	21	17	18	21		20	18	16	21	20		18	21	19	21	21
22	22	26	26	25		22	26	22	22	27		23	22	23	23	26		25	23	23	27	24
23	23	27	27	27		24	29	25	25	28		24	26	24	24	28		26	25	26	29	25
24	29	29	30	28		29	30	26	27	30		29	27	25	30	29		27	30	28	30	30

System 55

Kenotyp 9
32 Zahlen in 64 Neunerreihen (VEW-System)
Einsatz: ab 64 Euro

1	1	1	1	1		1	1	1	1	1		1	1	1	1	1		1	1	1	2	2
2	2	2	3	3		3	3	4	4	5		5	6	6	7	7		8	9	10	3	3
3	4	7	8	4		7	11	8	11	9		12	10	13	8	11		11	12	13	4	7
5	5	9	9	5		12	12	14	14	14		14	15	15	9	12		14	14	15	6	15
6	6	10	10	17		13	13	15	15	16		16	16	16	17	17		17	17	17	17	16
17	18	17	18	18		17	19	17	20	17		21	17	22	18	19		20	21	22	18	18
19	19	23	23	19		23	23	24	24	25		25	26	26	23	23		24	25	26	20	23
20	20	24	24	21		27	27	27	27	28		28	29	29	25	28		30	30	31	21	30
21	22	25	26	22		28	29	30	31	30		32	31	32	26	29		31	32	32	22	31

Fortsetzung System 55

```
 2  2  2  2  2     2  2  2  2  2     2  2  3  3  3     3  3  3  3  3
 3  4  4  5  5     6  6  7  7  8     9 10  4  4  5     5  6  6  7  7
14  8 12  9 11    10 11  8 14 12    11 11  9 10  8    10  8  9 11 14
15 13 13 13 13    12 12 10 15 13    13 12 12 12 11    11 13 13 13 16
16 16 16 15 15    14 14 17 18 18    18 18 15 15 16    16 14 14 17 18
19 18 20 18 21    18 22 18 19 20    21 22 19 20 19    21 19 22 19 19
23 24 24 25 25    26 26 24 23 24    25 26 25 25 24    24 24 24 27 30
30 28 28 27 27    27 27 25 31 29    29 28 26 26 26    26 25 25 28 31
32 29 32 29 31    28 30 26 32 32    31 30 28 31 27    32 29 30 29 32


 3  3  3  4  4     4  4  4  4  4     4  4  5  5  5     5  5  5  5  6
 8  8  9  5  5     6  6  7  7  8     8  9  6  6  7     7  8  9  9  7
 9 10 10  7 10     7  9  9 10 11    12 10  7  8  8    10 10 11 12  8
13 11 12 13 13    11 11 11 13 15    16 15 12 12 12    14 16 15 16 15
19 19 19 14 14    16 16 20 20 17    18 19 15 15 21    20 19 18 17 21
22 21 20 20 21    20 22 22 21 20    20 20 21 22 22    21 21 21 21 22
24 24 25 23 23    23 23 23 23 27    28 26 23 23 23    26 26 27 28 24
29 27 28 26 26    25 25 27 29 30    29 28 24 24 28    29 27 29 30 28
30 32 31 29 30    27 32 32 30 31    32 31 28 31 31    30 32 31 32 31


 6  6  6  6
 7  8 10 10
 9  9 11 13
16 14 14 16
20 19 18 17
22 22 22 22
25 25 27 29
27 29 28 31
32 30 30 32
```

System 56

Kenotyp 9
36 Zahlen in 48 Neunerreihen (VEW-System)
Einsatz: ab 48 Euro

```
 1  1  1  1  1     1  1  1  1  1     1  1  2  2  2     2  2  2  2  2
 2  2  3  3  4     4  5  7  7  8     9 10  3  3  4     4  5  6  6  8
 8 13  5  6 10    16  6  9 11 13    11 16  5  7  8    10  7  8 12 10
15 15 12 12 17    17 12 14 14 15    14 17  8  8 11    11  8 16 16 11
17 17 17 17 18    18 19 17 17 19    19 19  9  9 14    14 20 18 18 20
19 20 19 21 19    22 21 19 25 20    25 22 20 21 20    22 21 20 24 22
26 26 23 23 28    28 23 27 27 26    27 28 23 23 26    26 23 26 26 26
31 31 24 24 34    34 30 29 29 33    32 35 25 25 28    28 26 30 30 29
33 35 30 35 35    36 35 32 35 35    35 36 26 27 29    32 27 34 36 32

 2  2  3  3  3     3  3  3  3  3     4  4  4  4  4     4  5  6  6  6
 8  8  4  4  5     5  5  5  5 11     5  6  6  7  8    10 11  7  8 11
12 13  5 10  6     7 10 11 14 14    10  7  9  9 10    16 14  9 12 12
16 17 13 13 17     9 13 16 16 16    15 10 10 10 14    18 18 12 18 14
20 19 15 15 19    20 21 18 18 21    21 12 12 22 20    19 21 22 20 15
24 20 21 22 21    21 22 21 23 23    22 22 24 24 22    22 23 24 24 24
26 31 23 23 24    25 23 29 29 29    28 25 25 25 28    34 32 27 30 30
34 33 28 28 30    26 31 32 32 34    31 27 27 28 29    35 34 28 34 31
36 35 31 33 35    27 33 34 36 36    33 28 30 30 32    36 36 30 36 32

 6  6  7  7  7     7  9 11
11 12  9  9  9    13 13 12
13 13 11 13 15    15 15 13
14 14 17 10 16    16 18 15
15 24 19 18 18    25 25 24
29 29 25 25 27    27 27 29
30 30 29 31 31    31 33 31
31 32 32 33 33    34 34 32
33 33 35 34 36    36 36 33
```

System 57

Kenotyp 9
40 Zahlen in 160 Neunerreihen (VEW-System)
Einsatz: ab 160 Euro


```
 1  1  1  1  1     1  1  1  1  1     1  1  1  1  1     1  1  1  1  1
 2  2  2  2  2     2  2  2  3  3     3  3  3  3  3     3  4  4  4  4
 5  6  7  8  9    10 11 12  5  6     7  8 13 14 15    16  5  6  7  8
14 13 14 13 18    17 18 17 11 11     9  9 19 19 17    17 18 17 17 18
16 15 16 15 20    19 20 19 12 12    10 10 20 20 18    18 19 20 20 19
21 21 22 22 21    21 22 22 21 23    21 23 21 23 21    23 21 21 24 24
25 26 25 26 29    30 29 30 25 25    27 27 33 33 35    35 25 26 26 25
27 28 27 28 31    32 31 32 26 26    28 28 34 34 36    36 28 27 27 28
34 33 36 35 38    37 40 39 31 32    29 30 39 40 37    38 38 37 40 39

 1  1  1  1  1     1  1  1  1  1     1  1  1  1  1     1  2  2  2  2
 4  4  4  4  5     5  5  6  6  7     9  9 10 10 13    15  3  3  3  3
 9 10 11 12  6     7  8  7  8  8    11 12 11 12 14    16  5  6  7  8
14 13 13 14 11    14 18 17 13  9    18 14 13 17 19    17 17 18 18 17
15 16 16 15 21    21 21 21 21 21    21 21 21 21 21    21 20 19 19 20
21 21 24 24 23    22 24 24 22 23    22 24 24 22 23    23 22 22 23 23
29 30 30 29 25    25 25 26 26 27    29 29 30 30 33    35 25 26 26 25
32 31 31 32 31    34 38 37 33 29    38 34 33 37 39    37 28 27 27 28
34 33 36 35 32    36 39 40 35 30    40 35 36 39 40    38 37 38 39 40

 2  2  2  2  2     2  2  2  2  2     2  2  2  2  2     2  2  2  2  2
 3  3  3  3  4     4  4  4  4  4     4  4  5  5  5     6  6  7  9  9
 9 10 11 12  5     6  7  8 13 14    15 16  6  7  8     7  8  8 11 12
13 14 14 13  9     9 11 11 17 17    19 19  9 16 17    18 15 11 20 13
16 15 15 16 10    10 12 12 18 18    20 20 22 21 22    22 21 22 21 22
22 22 23 23 22    24 22 24 22 24    22 24 24 22 23    23 22 24 22 23
29 30 30 29 25    25 27 27 33 33    35 35 25 27 25    26 28 27 31 29
32 31 31 32 26    26 28 28 34 34    36 36 29 34 37    38 33 31 38 33
33 34 35 36 29    30 31 32 37 38    39 40 30 36 40    39 35 32 40 36
```


Fortsetzung nächste Seite

```
 2  2  2  2  3      3  3  3  3  3      3  3  3  3  3      3  3  3  3  3
10 10 13 15  4      4  4  4  4  4      4  4  5  5  5      6  6  7  9  9
11 12 14 16  5      6  7  8  9 10     11 12  6  7  8      7  8  8 11 12
14 19 17 19 13     14 13 14 17 18     17 18 12 13 20     19 14 10 17 16
22 21 22 22 15     16 15 16 19 20     19 20 21 23 22     22 23 21 23 22
23 22 24 24 23     23 24 24 23 23     24 24 23 24 23     23 24 23 24 23
30 32 33 35 25     26 25 26 29 30     29 30 26 25 28     27 26 28 29 32
34 37 37 39 27     28 27 28 31 32     31 32 31 33 37     38 34 29 37 33
35 39 38 40 33     34 35 36 37 38     39 40 32 35 40     39 36 30 39 36

 3  3  3  3  4      4  4  4  4  4      4  4  4  4  4      4  5  5  5  5
10 10 13 15  5      5  5  6  6  7      9  9 10 10 13     15  6  6  6  6
11 12 14 16  6      7  8  7  8  8     11 12 11 12 14     16 13 14 15 16
15 18 20 18 10     15 19 20 16 12     19 15 16 20 18     20 18 17 17 18
22 23 21 21 22     23 21 21 23 22     23 21 21 23 22     22 20 19 19 20
23 24 23 23 24     24 24 24 24 24     24 24 24 24 24     24 25 25 26 26
31 30 34 36 26     27 28 27 28 28     31 32 31 32 34     36 33 34 34 33
34 38 39 37 29     33 38 37 34 31     37 34 33 38 37     39 36 35 35 36
35 40 40 38 30     35 39 40 36 32     39 35 36 40 38     40 38 37 39 40

 5  5  5  5  5      5  5  5  5  5      5  5  5  5  6      6  6  6  6  6
 7  7  7  7  8      8  8  8  9  9     10 10 13 14  7      7  7  7  8  8
 9 10 11 12  9     10 11 12 11 12     11 12 16 15  9     10 11 12  9 10
19 17 17 19 15     13 15 13 15 19     17 13 18 17 13     15 13 15 17 19
20 18 18 20 16     14 16 14 25 25     25 25 25 25 14     16 14 16 18 20
25 25 27 27 25     25 28 28 28 27     27 28 26 26 26     26 27 27 26 26
29 30 30 29 29     30 29 30 29 29     30 30 33 34 29     30 29 30 29 30
32 31 31 32 31     32 31 32 35 39     37 33 38 37 31     32 31 32 32 31
39 37 38 40 35     33 36 34 36 40     38 34 40 39 33     35 34 36 37 39

 6  6  6  6  6      6  6  6  7  7      7  7  7  7  7      7  7  7  8  8
 8  8  9  9 10     10 13 14  8  8      8  8  9  9 10     10 13 14  9  9
11 12 11 12 11     12 16 15 13 14     15 16 11 12 11     12 16 15 11 12
19 17 13 17 19     15 20 19 17 18     18 17 14 20 18     16 17 18 16 18
20 18 26 26 26     26 25 25 19 20     20 19 26 25 25     26 27 27 25 26
28 28 27 28 28     27 26 26 27 27     28 28 27 27 27     27 28 28 28 28
30 29 29 29 30     30 36 35 33 34     34 33 31 32 31     32 33 34 31 32
31 32 33 37 39     35 38 37 36 35     35 36 33 39 37     35 37 38 35 37
40 38 34 38 40     36 40 39 37 38     40 39 34 40 38     36 39 40 36 38
```

Fortsetzung nächste Seite

```
 8  8  8  8  9      9  9  9  9  9     10 10 11 11 11     11 11 11 12 12
10 10 13 14 10     10 10 10 13 14     13 14 12 12 12     12 13 14 13 14
11 12 16 15 13     14 15 16 15 16     15 16 13 14 15     16 15 16 15 16
20 14 19 20 18     17 18 17 18 17     19 20 17 18 17     18 17 18 20 19
26 25 27 27 19     20 19 20 29 29     29 29 20 19 20     19 31 31 31 31
28 28 28 28 29     29 30 30 30 30     30 30 31 31 32     32 32 32 32 32
31 32 36 35 33     34 33 34 33 34     35 36 33 34 33     34 33 34 35 36
39 33 37 38 35     36 35 36 38 37     38 37 35 36 35     36 37 38 37 38
40 34 39 40 38     37 39 40 39 40     39 40 37 38 40     39 40 39 40 39
```

System 58

42 Zahlen in 84 Neunerreihen (VEW-System)
Einsatz: ab 84 Euro

```
 1  1  1  1  1      1  1  1  1  1      1  1  1  1  1      1  1  1  2  2
 2  2  2  3  3      4  5  5  5  6      6  7  8  8  8      9  9 10  3  3
 3  4  7  4 10      6  7 11 14  9     14 11 10 11 13     13 14 13  4  8
15 15 15 15 15     15 15 15 15 15     15 15 15 15 15     15 15 15 16 16
16 16 16 17 17     18 19 19 19 20     20 21 22 22 22     23 23 24 17 17
17 18 21 18 24     20 21 25 28 23     28 25 24 25 27     27 28 27 18 22
29 29 29 29 29     29 29 29 29 29     29 29 29 29 29     29 29 29 30 30
30 30 30 31 31     32 33 33 33 34     34 35 36 36 36     37 37 38 31 31
31 32 35 32 38     34 35 39 42 37     42 39 38 39 41     41 42 41 32 36

 2  2  2  2  2      2  2  2  2  2      2  2  2  3  3      3  3  3  3  3
 4  5  5  6  6      7  7  8  8  9      9 10 10  4  5      5  5  6  6  6
 5  6 12 12 14     10 14  9 11 11     12 11 14  9  9     12 13 10 11 13
16 16 16 16 16     16 16 16 16 16     16 16 16 17 17     17 17 17 17 17
18 19 19 20 20     21 21 22 22 23     23 24 24 18 19     19 19 20 20 20
19 20 26 26 28     24 28 23 25 25     26 25 28 23 23     26 27 24 25 27
30 30 30 30 30     30 30 30 30 30     30 30 30 31 31     31 31 31 31 31
32 33 33 34 34     35 35 36 36 37     37 38 38 32 33     33 33 34 34 34
33 34 40 40 42     38 42 37 39 39     40 39 42 37 37     40 41 38 39 41
```

Fortsetzung nächste Seite

```
 3  3  3  3  3     3  4  4  4  4     4  4  4  4  4      4  4  4  5  5
 7  7  7  8  9    10  5  5  6  6     7  7  8  8  9      9 10 10  6  6
 8 11 12 12 13    11  8 14  7 13    13 14 12 14 10     12 12 13  7 12
17 17 17 17 17    17 18 18 18 18    18 18 18 18 18     18 18 18 19 19
21 21 21 22 23    24 19 19 20 20    21 21 22 22 23     23 24 24 20 20
22 25 26 26 27    25 22 28 21 27    27 28 26 28 24     26 26 27 21 26
31 31 31 31 31    31 32 32 32 32    32 32 32 32 32     32 32 32 33 33
35 35 35 36 37    38 33 33 34 34    35 35 36 36 37     37 38 38 34 34
36 39 40 40 41    39 36 42 35 41    41 42 40 42 38     40 40 41 35 40

 5  5  5  5  5     6  6  6  6  6     7  7  7  7  8      8  8  9  9 10
 7  8  8  9 11     7  9  9 10 11     8  8 10 12  9     10 13 10 11 12
11  9 14 13 13    13 10 14 11 12    10 12 14 13 11     13 14 12 14 14
19 19 19 19 19    20 20 20 20 20    21 21 21 21 22     22 22 23 23 24
21 22 22 23 25    21 23 23 24 25    22 22 24 26 23     24 27 24 25 26
25 23 28 27 27    27 24 28 25 26    24 26 28 27 25     27 28 26 28 28
33 33 33 33 33    34 34 34 34 34    35 35 35 35 36     36 36 37 37 38
35 36 36 37 39    35 37 37 38 39    36 36 38 40 37     38 41 38 39 40
39 37 42 41 41    41 38 42 39 40    38 40 42 41 39     41 42 40 42 42

11 11 11 12
12 12 13 13
13 14 14 14
25 25 25 26
26 26 27 27
27 28 28 28
39 39 39 40
40 40 41 41
41 42 42 42
```

System 59

Kenotyp 9
48 Zahlen in 80 Neunerreihen (VEW-System)
Einsatz: ab 80 Euro

```
 1  1  1  1  1     1  1  1  1  1     1  1  1  1  1     2  2  2  2  2
 2  2  3  3  4     4  5  7  7  8     9 10 12 12 13     3  3  4  4  5
 8 11  5  6  9    14  6 10 16 11    14 16 13 15 15    14 15  5 16 16
17 17 17 17 17    17 17 17 17 17    17 17 17 17 17    18 18 18 18 18
18 18 19 19 20    20 21 23 23 24    25 26 28 28 29    19 19 20 20 21
24 27 21 22 25    30 22 26 32 27    30 32 29 31 31    30 31 21 32 32
33 33 33 33 33    33 33 33 33 33    33 33 33 33 33    34 34 34 34 34
34 34 35 35 36    36 37 39 39 40    41 42 44 44 45    35 35 36 36 37
40 43 37 38 41    46 38 42 48 43    46 48 45 47 47    46 47 37 48 48

 2  2  2  2  2     2  2  2  3  3     3  3  3  3  3     3  3  3  3  4
 6  6  7  7  8     9 10 14  4  4     5  7  8  8  9     9 10 13 14  5
10 12  9 13 11    13 12 15  7 12     6 12 13 16 10    11 11 16 15 16
18 18 18 18 18    18 18 18 19 19    19 19 19 19 19    19 19 19 19 20
22 22 23 23 24    25 26 30 20 20    21 23 24 24 25    25 26 29 30 21
26 28 25 29 27    29 28 31 23 28    22 28 29 32 26    27 27 32 31 32
34 34 34 34 34    34 34 34 35 35    35 35 35 35 35    35 35 35 35 36
38 38 39 39 40    41 42 46 36 36    37 39 40 40 41    41 42 45 46 37
42 44 41 45 43    45 44 47 39 44    38 44 45 48 42    43 43 48 47 48

 4  4  4  4  4     4  4  4  5  5     5  5  5  5  5     5  5  6  6  6
 6  6  7  8  8     9 10 11  7  7     8  8  9 10 10    11 13  7  7  8
11 13 12 10 15    14 15 13 11 15     9 12 12 13 14    15 14  8 14 14
20 20 20 20 20    20 20 20 21 21    21 21 21 21 21    21 21 22 22 22
22 22 23 24 24    25 26 27 23 23    24 24 25 26 26    27 29 23 23 24
27 29 28 26 31    30 31 29 27 31    25 28 28 29 30    31 30 24 30 30
36 36 36 36 36    36 36 36 37 37    37 37 37 37 37    37 37 38 38 38
38 38 39 40 40    41 42 43 39 39    40 40 41 42 42    43 45 39 39 40
43 45 44 42 47    46 47 45 43 47    41 44 44 45 46    47 46 40 46 46
```

Fortsetzung nächste Seite

```
 6  6  6  6  6     7  7  7  7  8     8  8  9  9 10    11 11 11 12 12
 9  9 10 11 15     8  9 10 11  9    10 13 10 15 13    12 12 14 13 14
15 16 12 13 16    14 13 16 15 12    15 16 11 16 14    14 16 16 15 16
22 22 22 22 22    23 23 23 23 24    24 24 25 25 26    27 27 27 28 28
25 25 26 27 31    24 25 26 27 25    26 29 26 31 29    28 28 30 29 30
31 32 28 29 32    30 29 32 31 28    31 32 27 32 30    30 32 32 31 32
38 38 38 38 38    39 39 39 39 40    40 40 41 41 42    43 43 43 44 44
41 41 42 43 47    40 41 42 43 41    42 45 42 47 45    44 44 46 45 46
47 48 44 45 48    46 45 48 47 44    47 48 43 48 46    46 48 48 47 48
```

System 60

Kenotyp 10
28 Zahlen in 56 Zehnerreihen (VEW-System)
Einsatz: ab 56 Euro

```
 1  1  1  1  1     1  1  1  1  1     1  1  1  1  1     1  1  1  1  1
 2  2  2  2  3     3  3  3  4  4     4  4  5  5  5     6  6  6  7  7
 3  5  6  7  4     5  6  9  5  6     7 10  7  8  9     7  8 11  8  8
 8  8 10 12  8    11  8 10  8  8    13 11  8 10 12     8  9 13  9 11
 9  9 13 14 10    12 10 13 11 11    14 12 12 12 14    13 13 14 14 14
15 15 15 15 15    15 15 15 15 15    15 15 15 15 15    15 15 15 15 15
16 16 16 16 17    17 17 17 18 18    18 18 19 19 19    20 20 20 21 21
17 19 20 21 18    19 20 23 19 20    21 24 21 22 23    21 22 25 22 22
22 22 24 26 22    25 22 24 22 22    27 25 22 24 26    22 23 27 23 25
23 23 27 28 24    26 24 27 25 25    28 26 26 26 28    27 27 28 28 28


 2  2  2  2  2     2  2  2  2  2     2  2  2  2  2     2  3  3  3  3
 3  3  3  3  4     4  4  4  5  5     5  5  6  6  7     7  4  4  4  4
 4  6  7  8  5     6  7 10  6  7     8 11  8  9  8     9  5  7  8  9
 9  9 11 10  9    12  9 11  9  9    12 12  9 11  9    10 10 10 11 11
10 13 14 13 11    13 11 14 12 14    14 13 10 13 12    14 12 14 12 14
16 16 16 16 16    16 16 16 16 16    16 16 16 16 16    16 17 17 17 17
17 17 17 17 18    18 18 18 19 19    19 19 20 20 21    21 18 18 18 18
18 20 21 22 19    20 21 24 20 21    22 25 22 23 22    23 19 21 22 23
23 23 25 24 23    26 23 25 23 23    26 26 23 25 23    24 24 24 25 25
24 27 28 27 25    27 25 28 26 28    28 27 24 27 26    28 26 28 26 28
```

```
 3  3  3  3  3     3  3  4  4  4     4  4  4  5  5     5
 5  5  5  6  6     7  7  5  5  6     6  6  7  6  6     7
 6  7  8  7 12     9 10  6  9  7     8  9  8  7 10    10
10 13 10 10 13    10 12 11 12 11    13 11 11 12 13    12
12 14 11 13 14    11 14 13 13 14    14 12 13 14 14    13
17 17 17 17 17    17 17 18 18 18    18 18 18 19 19    19
19 19 19 20 20    21 21 19 19 20    20 20 21 20 20    21
20 21 22 21 26    23 24 20 23 21    22 23 22 21 24    24
24 27 24 24 27    24 26 25 26 25    27 25 25 26 27    26
26 28 25 27 28    25 28 27 27 28    28 26 27 28 28    27
```

System 61

Kenotyp 10
28 Zahlen in 112 Zehnerreihen (VEW-System)
Einsatz: ab 112 Euro

```
 1  1  1  1  1     1  1  1  1  1     1  1  1  1  1     1  1  1  1  1
 2  2  2  2  2     2  2  2  2  2     2  2  3  3  3     3  3  3  3  3
 3  3  3  3  5     5  5  5  8  8     8  8  4  4  4     4  8  8  8  9
 6  6  6  6  7     7  7  7  9  9     9  9  5  5  5     5 10 10 13 10
 8  8 10 10  8     8 12 12 10 10    12 12  8  8 11    11 11 11 15 15
 9  9 13 13  9     9 14 14 13 13    14 14 10 10 12    12 12 12 16 16
15 16 15 16 15    16 15 16 15 16    15 16 15 17 15    17 15 17 17 17
17 20 17 20 19    21 19 21 20 17    21 19 18 19 18    19 19 18 20 20
22 23 23 22 22    23 23 22 22 23    22 23 22 24 24    22 22 24 22 24
27 24 24 27 28    26 26 28 24 27    26 28 26 25 25    26 25 26 23 27

 1  1  1  1  1     1  1  1  1  1     1  1  1  1  1     1  1  1  1  1
 4  4  4  4  4     4  4  4  5  5     5  5  6  6  6     6  7  7  7  7
 6  6  6  6  8     8  8 10  8  8     9 10  8  8  9    11  8  8  9 11
 7  7  7  7 11    11 12 11 11 14    12 12 10 14 13    13 12 13 14 14
 8  8 13 13 13    13 15 15 15 15    15 18 15 15 17    15 15 15 19 20
11 11 14 14 14    14 17 17 17 16    16 19 16 18 20    18 16 18 21 21
15 18 15 18 15    18 18 18 22 19    19 22 22 20 22    20 22 22 22 22
20 21 20 21 21    20 19 19 24 21    21 24 23 21 23    21 23 25 23 25
22 25 25 22 22    25 22 25 25 22    26 25 24 22 24    27 26 27 26 27
28 27 27 28 27    28 24 26 26 23    28 26 27 25 27    28 28 28 28 28
```

Fortsetzung System 61

```
 2  2  2  2  2     2  2  2  2  2     2  2  2  2  2     2  2  2  2  2
 3  3  3  3  3     3  3  3  4  4     4  4  4  4  4     4  5  5  5  5
 4  4  4  4  8     9  9  9  5  5     5  5  9  9  9    10  8  9  9 11
 7  7  7  7 10    10 10 13  6  6     6  6 11 11 14    11 12 13 14 12
 9  9 11 11 17    11 11 15  9  9    12 12 12 12 16    16 19 16 15 16
10 10 14 14 20    14 14 16 11 11    13 13 13 13 17    17 21 18 16 18
16 17 16 17 22    16 17 22 16 18    16 18 16 18 18    18 22 19 22 19
18 21 18 21 23    21 18 23 19 20    19 20 20 19 21    21 23 20 23 20
23 24 24 23 24    23 24 24 23 25    25 23 23 25 23    25 26 23 26 26
28 25 25 28 27    25 28 27 27 26    26 27 26 27 24    28 28 25 28 27

 2  2  2  2  2     2  2  2  3  3     3  3  3  3  3     3  3  3  3  3
 6  6  6  6  7     7  7  7  4  4     4  4  5  5  5     5  5  5  5  5
 8  9  9 11  8     9  9 10  8  9    10 10  6  6  6     6  8 10 10 10
13 10 12 13 14    11 12 14 11 11    12 14  7  7  7     7 12 11 12 12
15 15 16 19 15    16 15 18 18 18    15 16 10 10 13    13 15 15 13 13
16 16 18 20 16    17 16 21 19 21    17 17 12 12 14    14 17 17 14 14
17 17 23 23 19    23 19 23 22 23    22 23 17 19 17    19 18 18 17 19
20 20 25 25 21    24 21 24 24 24    24 24 20 21 20    21 19 19 21 20
24 22 26 26 26    25 22 25 25 25    25 25 24 26 26    24 25 22 24 26
27 23 27 27 28    28 23 28 26 28    26 28 28 27 27    28 26 24 27 28

 3  3  3  3  3     3  3  3  4  4     4  4  4  4  4     4  4  4  4  4
 6  6  6  6  7     7  7  7  5  5     5  5  6  6  6     6  7  7  7  7
 8  8 10 12  9    10 10 12  8  8     9 11  8  9 11    11  8  9  9 11
 9  9 14 13 14    11 13 14 10 10    12 13 13 13 12    14 14 10 10 13
10 10 17 17 16    16 17 20 11 11    19 16 20 16 16    15 15 11 11 15
13 13 19 19 17    17 19 21 12 12    20 18 21 18 18    18 18 14 14 18
15 16 20 20 18    18 24 24 15 17    23 23 22 19 19    22 20 16 17 20
20 17 21 21 21    21 26 26 19 18    25 25 25 20 20    25 21 21 18 21
23 22 24 27 25    23 27 27 24 22    26 26 27 26 23    27 27 24 23 22
27 24 26 28 28    24 28 28 26 25    27 27 28 27 25    28 28 28 25 25

 5  5  5  5  5     5  5  5  6  6     6  6
 6  6  6  6  7     7  7  7  7  7     7  7
 9  9 10 12  8     8 10 12  8  8    10 10
11 11 13 14  9     9 14 13 11 11    12 12
12 12 20 17 12    12 17 17 13 13    13 13
13 13 21 19 14    14 19 19 14 14    14 14
16 18 24 24 15    16 20 20 15 18    17 19
20 19 26 26 21    19 21 21 21 20    21 20
25 23 27 27 23    22 27 24 25 22    26 24
27 26 28 28 28    26 28 26 28 27    28 27
```

System 62

Kenotyp 10
40 Zahlen in 16 Zehnerreihen (VEW-System)
Einsatz: ab 16 Euro

```
1   1  1  1  2      2  2  3  3  3      4  4  4  5  5      5
2   6  6  6  7      7  7  8  8  8      9  9  9 10 10     10
3  11 15 19 11     13 14 12 13 14     11 12 13 11 12     14
4  12 16 20 15     18 16 16 15 17     16 18 17 17 15     18
5  13 17 21 19     20 21 20 22 19     22 19 21 20 21     22
6  14 18 22 23     24 25 23 25 24     24 25 23 25 24     23
7  26 30 34 26     28 29 27 28 29     26 27 28 26 27     29
8  27 31 35 30     33 31 31 30 32     31 33 32 32 30     33
9  28 32 36 34     35 36 35 37 34     37 34 36 35 36     37
10 29 33 37 38     39 40 38 40 39     39 40 38 40 39     38
```

System 63

Kenotyp 10
40 Zahlen in 240 Zehnerreihen (VEW-System)
Einsatz: ab 240 Euro

```
1   1  1  1  1      1  1  1  1  1      1  1  1  1  1      1  1  1  1  1
2   2  2  2  2      2  2  2  3  3      3  3  3  3  3      3  4  4  4  4
3   4  5  6  7      8  9 10  4  5      6  7  8  9 10     12  5  6  7  8
11 13 11 11 16     15 11 19 11 11     11 11 17 15 16     13 11 15 11 11
12 14 12 12 17     18 12 20 13 13     13 13 18 19 20     14 14 16 14 14
21 21 21 21 21     21 21 21 21 21     21 21 21 21 21     21 21 21 21 21
22 22 22 22 22     22 22 22 23 23     23 23 23 23 23     23 24 24 24 24
23 24 25 26 27     28 29 30 24 25     26 27 28 29 30     32 25 26 27 28
31 33 31 31 36     35 31 39 31 31     31 31 37 35 36     33 31 35 31 31
32 34 32 32 37     38 32 40 33 33     33 33 38 39 40     34 34 36 34 34
```

Fortsetzung nächste Seite

Fortsetzung System 63

```
 1  1  1  1  1     1  1  1  1  1     1  1  1  1  1     1  1  1  1  1
 4  4  4  5  5     5  5  5  5  5     5  6  6  6  6     6  6  6  7  7
 9 10 11  6  7     8  9 10 12 13    14  7  8  9 10    11 12 13  8  9
17 18 12 11 11    11 11 17 15 15    15 11 11 18 11    14 16 16 11 11
19 20 14 15 15    15 15 20 18 19    16 16 16 19 16    16 17 20 17 17
21 21 21 21 21    21 21 21 21 21    21 21 21 21 21    21 21 21 21 21
24 24 24 25 25    25 25 25 25 25    25 26 26 26 26    26 26 26 27 27
29 30 31 26 27    28 29 30 32 33    34 27 28 29 30    31 32 33 28 29
37 38 32 31 31    31 31 37 35 35    35 31 31 38 31    34 36 36 31 31
39 40 34 35 35    35 35 40 38 39    36 36 36 39 36    36 37 40 37 37

 1  1  1  1  1     1  1  1  1  1     1  1  1  1  1     1  1  1  1  1
 7  7  7  7  7     8  8  8  8  8     8  9  9  9  9     9 10 10 10 10
10 11 13 14 15     9 10 11 11 14    16 10 11 11 11    12 11 11 11 11
11 12 17 17 17    11 11 12 13 18    18 11 13 14 16    19 12 13 14 15
17 17 18 19 20    18 18 18 18 20    19 19 19 19 19    20 20 20 20 20
21 21 21 21 21    21 21 21 21 21    21 21 21 21 21    21 21 21 21 21
27 27 27 27 27    28 28 28 28 28    28 29 29 29 29    29 30 30 30 30
30 31 33 34 35    29 30 31 31 34    36 30 31 31 31    32 31 31 31 31
31 32 37 37 37    31 31 32 33 38    38 31 33 34 36    39 32 33 34 35
37 37 38 39 40    38 38 38 38 40    39 39 39 39 39    40 40 40 40 40

 2  2  2  2  2     2  2  2  2  2     2  2  2  2  2     2  2  2  2  2
 3  3  3  3  3     3  3  3  4  4     4  4  4  4  4     5  5  5  5  5
 4  5  6  7  8     9 10 11  5  6     7  8  9 10 11     6  7  8  9 10
12 12 15 12 12    18 17 13 12 12    12 17 16 15 12    12 12 12 17 12
14 13 16 13 13    19 20 14 14 14    14 18 19 20 13    15 15 18 19 15
22 22 22 22 22    22 22 22 22 22    22 22 22 22 22    22 22 22 22 22
23 23 23 23 23    23 23 23 24 24    24 24 24 24 24    25 25 25 25 25
24 25 26 27 28    29 30 31 25 26    27 28 29 30 31    26 27 28 29 30
32 32 35 32 32    38 37 33 32 32    32 37 36 35 32    32 32 32 37 32
34 33 36 33 33    39 40 34 34 34    34 38 39 40 33    35 35 38 39 35

 2  2  2  2  2     2  2  2  2  2     2  2  2  2  2     2  2  2  2  2
 5  5  5  6  6     6  6  6  6  6     7  7  7  7  7     7  7  8  8  8
11 13 14  7  8     9 10 11 12 14     8  9 10 11 13    14 15  9 10 11
15 15 15 12 12    12 18 16 13 16    12 12 12 12 17    17 17 12 12 12
18 16 20 17 16    16 20 17 16 19    17 17 17 16 20    18 19 18 18 15
22 22 22 22 22    22 22 22 22 22    22 22 22 22 22    22 22 22 22 22
25 25 25 26 26    26 26 26 26 26    27 27 27 27 27    27 27 28 28 28
31 33 34 27 28    29 30 31 32 34    28 29 30 31 33    34 35 29 30 31
35 35 35 32 32    32 38 36 33 36    32 32 32 32 37    37 37 32 32 32
38 36 40 37 36    36 40 37 36 39    37 37 37 36 40    38 39 38 38 35
```

```
 2  2  2  2  2     2  2  2  2  2     2  2  3  3  3     3  3  3  3  3
 8  8  8  9  9     9  9  9 10 10    10 10  4  4  4     4  4  4  5  5
12 13 16 10 11    12 12 12 11 12    12 12  5  6  7     8  9 10  6  7
14 18 18 12 19    13 14 15 12 13    14 16 13 13 15    16 13 19 13 13
18 19 20 20 20    19 19 19 19 20    20 20 14 14 17    18 14 20 16 15
22 22 22 22 22    22 22 22 22 22    22 22 23 23 23    23 23 23 23 23
28 28 28 29 29    29 29 29 30 30    30 30 24 24 24    24 24 24 25 25
32 33 36 30 31    32 32 32 31 32    32 32 25 26 27    28 29 30 26 27
34 38 38 32 39    33 34 35 32 33    34 36 33 33 35    36 33 39 33 33
38 39 40 40 40    39 39 39 39 40    40 40 34 34 37    38 34 40 36 35


 3  3  3  3  3     3  3  3  3  3     3  3  3  3  3     3  3  3  3  3
 5  5  5  5  5     5  6  6  6  6     6  6  6  7  7     7  7  7  7  7
 8  9 10 11 12    14  7  8  9 10    11 12 14  8  9    10 11 12 13 16
13 13 18 15 15    15 13 13 17 13    16 13 16 13 13    13 17 17 14 17
15 19 20 19 16    17 16 16 19 20    20 15 18 18 17    20 18 20 17 19
23 23 23 23 23    23 23 23 23 23    23 23 23 23 23    23 23 23 23 23
25 25 25 25 25    25 26 26 26 26    26 26 26 27 27    27 27 27 27 27
28 29 30 31 32    34 27 28 29 30    31 32 34 28 29    30 31 32 33 36
33 33 38 35 35    35 33 33 37 33    36 33 36 33 33    33 37 37 34 37
35 39 40 39 36    37 36 36 39 40    40 35 38 38 37    40 38 40 37 39


 3  3  3  3  3     3  3  3  3  3     3  3  3  3  3     4  4  4  4  4
 8  8  8  8  8     8  9  9  9  9     9 10 10 10 10     5  5  5  5  5
 9 10 11 12 13    15 10 11 12 13    14 11 12 13 13     6  7  8  9 10
13 13 13 18 14    18 13 13 13 16    19 13 13 14 15    14 14 14 18 14
19 18 17 19 18    20 19 15 18 19    20 16 17 20 20    16 17 15 19 20
23 23 23 23 23    23 23 23 23 23    23 23 23 23 23    24 24 24 24 24
28 28 28 28 28    28 29 29 29 29    29 30 30 30 30    25 25 25 25 25
29 30 31 32 33    35 30 31 32 33    34 31 32 33 33    26 27 28 29 30
33 33 33 38 34    38 33 33 33 36    39 33 33 34 35    34 34 34 38 34
39 38 37 39 38    40 39 35 38 39    40 36 37 40 40    36 37 35 39 40


 4  4  4  4  4     4  4  4  4  4     4  4  4  4  4     4  4  4  4  4
 5  5  5  6  6     6  6  6  6  6     7  7  7  7  7     7  7  8  8  8
11 12 13  7  8     9 10 11 12 13     8  9 10 11 12    13 16  9 10 11
15 15 15 14 14    14 17 14 16 16    14 14 14 17 17    14 17 14 14 18
16 20 17 16 18    19 20 15 19 18    18 19 17 19 18    15 20 18 20 20
24 24 24 24 24    24 24 24 24 24    24 24 24 24 24    24 24 24 24 24
25 25 25 26 26    26 26 26 26 26    27 27 27 27 27    27 27 28 28 28
31 32 33 27 28    29 30 31 32 33    28 29 30 31 32    33 36 29 30 31
35 35 35 34 34    34 37 34 36 36    34 34 34 37 37    34 37 34 34 38
36 40 37 36 38    39 40 35 39 38    38 39 37 39 38    35 40 38 40 40
```

```
 4  4  4  4  4     4  4  4  4  4     4  4  5  5  5     5  5  5  5  5
 8  8  8  9  9     9  9  9 10 10    10 10  6  6  6     6  7  7  7  7
12 13 15 10 11    12 13 14 11 12    13 14  7  8  9    10  8  9 10 11
14 14 18 14 14    14 19 15 14 14    14 16 15 17 15    19 15 15 15 17
17 16 19 20 17    16 20 19 18 15    19 20 16 18 16    20 17 19 20 20
24 24 24 24 24    24 24 24 24 24    24 24 25 25 25    25 25 25 25 25
28 28 28 29 29    29 29 29 30 30    30 30 26 26 26    26 27 27 27 27
32 33 35 30 31    32 33 34 31 32    33 34 27 28 29    30 28 29 30 31
34 34 38 34 34    34 39 35 34 34    34 36 35 37 35    39 35 35 35 37
37 36 39 40 37    36 40 39 38 35    39 40 36 38 36    40 37 39 40 40

 5  5  5  5  5     5  5  5  5  5     5  5  5  5  6     6  6  6  6  6
 7  7  8  8  8     8  8  9  9  9     9 10 10 10  7     7  7  7  7  7
12 16  9 10 13    14 15 10 12 14    16 11 13 15  8     9 10 13 14 15
17 17 15 15 18    18 16 15 15 15    19 15 15 16 16    16 16 17 17 17
19 18 19 20 20    19 18 19 17 18    20 17 18 20 18    19 20 19 20 18
25 25 25 25 25    25 25 25 25 25    25 25 25 25 26    26 26 26 26 26
27 27 28 28 28    28 28 29 29 29    29 30 30 30 27    27 27 27 27 27
32 36 29 30 33    34 35 30 32 34    36 31 33 35 28    29 30 33 34 35
37 37 35 35 38    38 36 35 35 35    39 35 35 36 36    36 36 37 37 37
39 38 39 40 40    39 38 39 37 38    40 37 38 40 38    39 40 39 40 38

 6  6  6  6  6     6  6  6  6  6     6  6  7  7  7     7  7  8  8  8
 8  8  8  8  8     9  9  9  9 10    10 10  8  8  9     9 10  9  9 10
 9 10 11 12 15    10 11 13 15 12    14 15  9 10 10    18 17 10 17 17
16 16 18 18 16    16 16 16 19 16    16 16 17 19 17    19 18 18 19 18
19 20 19 20 17    20 18 17 20 18    17 19 18 20 19    20 20 20 20 19
26 26 26 26 26    26 26 26 26 26    26 26 27 27 27    27 27 28 20 28
28 28 28 28 28    29 29 29 29 30    30 30 28 28 29    29 30 29 29 30
29 30 31 32 35    30 31 33 35 32    34 35 29 30 30    38 37 30 37 37
36 36 38 38 36    36 36 36 39 36    36 36 37 39 37    39 38 38 39 38
39 40 39 40 37    40 38 37 40 38    37 39 38 40 39    40 40 40 40 39
```

System 64

Kenotyp 10
48 Zahlen in 24 Zehnerreihen (VEW-System)
Einsatz: ab 24 Euro

1	1	1	1	1		2	2	2	3	3		3	4	4	4	5		5	6	7	7	8
2	2	3	5	8		6	9	10	4	6		9	5	7	8	6		10	7	9	10	9
3	11	13	12	14		11	15	17	13	17		12	11	14	16	18		11	16	12	13	13
4	12	14	20	16		18	20	20	18	19		19	15	19	18	20		14	17	16	15	17
5	21	23	26	26		26	23	24	25	22		21	23	28	27	24		22	21	25	21	25
6	22	24	29	30		27	28	27	30	23		28	25	29	28	30		29	26	29	24	27
7	31	33	34	32		35	31	33	32	35		37	35	33	31	36		38	33	36	32	34
8	32	34	40	39		40	34	38	40	39		40	36	35	38	37		39	37	38	36	39
9	41	41	44	46		45	46	42	42	42		43	41	46	41	43		43	41	42	45	44
10	42	43	47	48		46	48	47	47	48		45	44	47	43	48		45	44	48	46	45

8	11	21	31
10	12	22	32
15	13	23	33
19	14	24	34
22	15	25	35
30	16	26	36
31	17	27	37
37	18	28	38
44	19	29	39
47	20	30	40

KENO - Die Zahlenlotterie
Was Spieler wissen sollten

136 Seiten, 30,- Euro
ISBN 3-932409-08-6

Lotto hat einen ernsthaften Konkurrenten bekommen: KENO. Die guten Chancen locken immer mehr Spieler in die Annahmestellen. Doch nur wenige wissen, wie man Keno wirklich spielen sollte.

EDV-Spezialisten von Lotto Hessen entwickelten gemeinsam mit Forschern des Berliner Fraunhofer Instituts FIRST ein Computersystem mit weltweit neuartiger Ziehungstechnologie. Es ist die Basis für ein Glückspiel, das dabei ist, Lotto in vieler Hinsicht den Rang abzulaufen. Allein im Bundesland Hessen wurden seit dem Start am 2. Februar 2004 bis Ende des Jahres über 40 Millionen Euro umgesetzt. Diese hohe Spielerakzeptanz wird dafür sorgen daß Keno bald überall in Deutschland gespielt werden kann.

Das Prinzip der neuen Lotterie: Per Computer werden aus 70 Zahlen 20 Gewinnzahlen gezogen, 2 bis 10 Zahlen können wahlweise getippt werden. Der entscheidende Unterschied zum Zahlenlotto sind **Festquoten**, die in der Höhe bis zu einer Million Euro ausgezahlt werden, ganz gleich, welche Zahlen gezogen werden! Der Spieler weiß also genau, was er gewinnt, wenn er gewinnt. Dabei sind die Gewinnchancen zum Teil deutlich besser als im Zahlenlotto, aber – und das ist das Tückische bei Keno – nur bei bestimmten Kenotypen!

Der Erfolg hängt also weitgehend vom gespielten Kenotyp ab. Welcher bietet uns die besten Chancen? Fachbuchautor Wolfgang Teschner hat sich dieser Frage gewidmet und Keno gründlich unter die Lupe genommen. Herausgekommen ist eine Studie, die für alle Kenospieler Pflichtlektüre ist. Computersimulationen zeigen für jeden Kenotypen, was den Spieler erwartet, wenn er kurz-, mittel- oder langfristig spielt. Dabei werden die Gewinnaussichten bei Keno mit zwei anderen Glücksspielen wie Lotto 6 aus 49 oder Roulette verglichen. Wo haben wir die besten Chancen? Wann lohnt sich ein Umstieg von Lotto auf Keno? Welche Kenotypen sollten wir keinesfalls spielen? Haben Systemspieler die besseren Chancen? Wieso können wir mit Keno dreimal leichter Millionär werden als mit dem Zahlenlotto? Für alle, die nicht mehr länger ins Blaue hinein spielen wollen, ist das Buch „KENO – Die Zahlenlotterie" ein unverzichtbarer Ratgeber.

Aus dem Inhalt des Buches:

- Was ist eigentlich Keno?
- Der Keno-Gewinnplan
- Die Ziehung der Kenozahlen
- Ein Blick ins Keno-Studio
- Zahlen alle Kenotypen gleich gut aus?
- Keno – ein reines Glücksspiel?
- Wieso hängt der Erfolg nicht nur vom Zufall ab?
- Wie kann man Keno mit System spielen?
- Computersimulationen aller 9 Kenotypen
- Vergleiche der Gewinnchancen von Keno mit Lotto und Roulette
- Welche Kenozahlen sollten wir spielen?
- Weshalb Sie mit Keno dreimal leichter Millionär werden können als jeder Lottospieler
- Verbesserung der Chancen bei konkreten Gewinnzielen
- Genaue Anleitung: So müssen Sie spielen!
- Was tun nach einem größeren Gewinn?
- Kenosysteme mit genauen Leistungstabellen
- Kenozahlen-Archiv

Der Wettbörsen-Profi

Strategien und Spieltechniken
für Sportwetten-Spekulanten
280 Seiten, 35,- Euro

Der Ratgeber für gewinnorientierte Sportwetten-Freunde.
Wettprofis und ihre Strategien werden vorgestellt.
Verschiedene Bewertungsmodelle zeigen, wie sich
gewinnbringende Quoten (Values) bestimmen lassen. Im
Mittelpunkt des Buches stehen Wett-Techniken, wie man
sie bei Wettbörsen anwenden kann. Ein Buch, das allen
Wettfreunden präzise Anleitungen zur Entwicklung eigener
Strategien gibt und darüber hinaus ausführlich über die
Sportwetten-Szene informiert.

Aus dem Inhalt (Auszug)

Ein erfolgreicher Trader
Ein Surebetter bittet zur Kasse
Ein Großmeister der Live-Wetten
Der Profispieler Dirk Paulsen
Buchmacher und das Internet
Bwin und Oddset
Der QI – oder wie schlage ich meinen Buchmacher?
Wettbörsen und Informationsdienste
Wettforen, Statistikseiten und Livescorer
Basics über Einzel-, Kombi- und Systemwetten
Die Quoten der Buchmacher
Quoten und Massenintelligenz
Die Wettbörse Betfair
Valuebetting
Der Einfluß des Zufalls
Das Kapitalmanagement nach Kelly
Bewertungsverfahren für Values
Strategien der Schnäppchenjäger
Bewertungen mit Hilfe der Poisson-Verteilung
Die Wetten „Summe der Tore"
Die Wetten „Under/Over"
Die Wettquoten
Universaltabellen
Die Wette „Erstes Tor"
Die Wette „Nächstes Tor"
Die Halbzeitstand-Wette
Die Halbzeit/Endstand-Wette
Quotentrends im In-Play
Achtung! Markt-Irrationalitäten
Trading-Strategien

*„Ein Meisterwerk
über Sportwetten!"*

Dr. Pierre Basieux, Buchautor
(Roulette und Mathematik)

Hinweis:
Eine Änderung des Layouts
ist jederzeit möglich

Raum für Notizen

Raum für Notizen